# 淡定的人生不纠结

朔 木◎著

人活在这个世界上，难免面临很多让自己感到纠结的事：

遇到不满，我们纠结；遇到挫折，我们纠结；遇到烦恼，我们纠结；遇到迷茫，我们纠结……执着于生活中难以避免的磕磕碰碰，其实这些都是因为我们的内心不够淡定所致。如果我们能用一种轻松阳光的心态去直面生活，那么一切纠结的事情都将消遁于无形。多点智慧和勇气，才能不被生活所伤。

中国商业出版社

图书在版编目（CIP）数据

淡定的人生不纠结 / 朔木著. -- 北京 ：中国商业出版社，2013.7

ISBN 978-7-5044-8133-7

Ⅰ. ①淡… Ⅱ. ①朔… Ⅲ. ①人生哲学－通俗读物 Ⅳ. ①B821-49

中国版本图书馆CIP数据核字(2013)第121676号

责任编辑：张振学

中国商业出版社出版发行

010-63180647　www.c-cbook.com

（北京广安门内报国寺 1 号　邮编：100053）

新华书店总店北京发行所经销

北京毅峰迅捷印刷有限公司

*

710×1000 毫米　16 开　16 印张　210 千字

2013 年 8 月第 1 版　2013 年 8 月第 1 次印刷

定价：32.00 元

*　*　*

（如有印装质量问题可更换）

版权所有　翻印必究

# 前言
# Foreword

人活在这个世界上，难免会面临很多选择，并且经常陷入不知所措的情境中。特别是在面对外界物欲横流的环境，更加容易让人心浮气躁。

有时候，遇到不满，我们纠结；遇到挫折，我们纠结；遇到烦恼，我们纠结；遇到迷茫，我们纠结……执着于生活中难以避免的名利欲望，其实这些都是因为不够淡定所致。轻松地生活，用阳光心态直面生活才是最佳的选择；多点智慧和勇气，才能不被生活所累。

因此，抚平躁动的心灵，安心生活，需要修炼并保持一颗淡定的心。它可以让我们更从容，不再纠结于那些毫无意义的人和事。

社会就像一个大熔炉，不管你是身居高位还是市井平民，不管你是年长还是年幼，也不管你是谦谦绅士还是窈窕淑女，更不关乎你从事哪种行业，都要接受它的磨练。当然，生活这个熔炉里有太多的诱惑，也给了我们太多的挑战，这些诱惑和挑战足以让我们乱了方寸，失去理智，常常作出许多错误的决策，带来重大损失。

何不保持淡定的个性，在生命的艰涩旅途中，时常让自己的心放空一下，尽情地享受人生，不为外物所烦恼和纠结。生命中的很多快乐是可以创造的，只要能用淡定的心来营造生活，快乐会天天伴随左右。

感恩生活、知足拥有、宽容别人、珍惜幸福、挣脱烦恼、放下包袱、淡定从容地活在今天，活在当下。这其实就是人生的全部意义所在。

不要说你的幸运指数太低，不要说你的努力白费，也不要说周围的人对你怀有深深的敌意。许多时候，只需保持淡然的心态，坚持洒脱的价值观，并认真地与人合作共事，妥善解决各种难题，我们就容易走出纠结的泥潭，迎来幸福的时刻。

每个人都有属于自己的梦想，不过在实现梦想的征途上难免会遭遇太多意外、打击，以至于内心真的强大，就不会内心会变得焦虑、自卑、烦躁。还原平常心、寻回进取心、重建感恩心、维系快乐心、追求和解心……会让坦然、心无旁骛地享受平和快乐的生活。

# 目录

# Contencs

## 一、自信心：做内心强大的自己



## 二、平常心：不为虚妄的名利所迷惑

## 三、感恩心：淡定的人生不抱怨



## 四、进取心：不气馁就能获取更多正能量

## 五、快乐心：别纠结于让你愤怒的人和事



## 六、和解心：优质关系来自成功有效的沟通

## 七、包容心：从容面对生活中的不如意



## 八、克制心：避免与他人发生无谓的冲突

## 九、责任心：勇于负责才能融入社会



## 十、奉献心：付出与分享是最大的幸福

# 一、自信心：做内心强大的自己

保持内心强大，首先要有充分的自信。相信自己的能力，坚信努力会有回报，善于主宰个人意志，你就能做好真正的自己，迎来更多胜利的时刻。

## 1. 缺乏自信就只有永远的平凡

**人往往都活在自己所设的限制中，虽然拥有各式各样的潜力，却不能充分地运用它们。而造成此种现象的原因，就是我们缺乏必要的自信。**

亨利•大卫•梭罗曾经说过："如果一个人充满自信地朝着他的梦想前进，并且尽最大努力去过他想象中的生活，他会在不经意间获得意想不到的成功。"因此，不要担心，不要忧虑，如果你心里已经有一个梦想，那就大胆尝试，勇敢坚持自我，激发自己潜在的能量，切莫因为缺乏心理上的自信而埋没了自己的能力。

自信意味着一个人能充分了解自己，同时能够了解竞争对手与眼前的环境，意味着在面对困难的时候，有拼搏制胜的可能。在我们身边，许多人在工作、生活中毫无起色，很大程度上缘于他们缺乏自信，所以失去了创造奇迹的可能。

在哈佛大学，一位音乐系的学生走进练习室，看到钢琴上摆着一份全新的乐谱，他翻看着，喃喃自语："超高难度！"感觉自己弹奏钢琴的信心似乎跌到谷底，消磨殆尽。

# 淡定的人生不纠结

已经三个月了！自从跟了这位新的指导教授之后，他始终接受最严苛的训练，这不是故意与人为难吗！他勉强打起精神，开始用自己的十指奋战，奋战、奋战……琴音盖住了教室外面的脚步声，那是教授过来巡查了。

指导教授是名望很高的钢琴大师。授课的第一天，他给自己的新学生一份乐谱。“试试看吧！”他说。乐谱的难度颇高，学生弹得生涩僵滞、错误百出。“还不成熟，回去好好练习！”教授在下课时，如此叮嘱学生。学生练习了一个星期，第二周上课时正准备让教授验收，没想到教授又给他一份难度更高的乐谱：“试试看吧！”对于上星期的课，教授只字不提。

学生再次埋首于更高难度的技巧挑战。第三周，更难的乐谱又出现了。同样的情形持续着，学生每次在课堂上都被一份新的乐谱所困扰，然后把它带回去练习，接着再回到课堂上，重新面临难度加倍的乐谱，却怎么样都追不上进度，一点也没有因为上周的练习而有驾轻就熟的感觉，学生感到越来越不安、沮丧和气馁。

当教授再次走进练习室。学生再也忍不住了，他准备向他提出这三个月来何以不断遭受折磨的质疑。教授没开口，他抽出最早的那份乐谱，交给了学生。“弹奏吧！”他以坚定的目光望着学生。不可思议的事情发生了，学生居然可以将这首曲子弹奏得如此美妙、如此精湛！教授又让学生试了第二堂课的乐谱，学生依然呈现出超高水准的表现……演奏结束后，学生怔怔地望着教授，说不出话来。

“如果，我任由你表现最擅长的部分，可能你还在练习最早的那份乐谱，而不会有现在这样的水平……”教授缓缓地说。

人不都是这样吗，往往习惯于表现自己所熟悉、擅长的方面。但是如果我们愿意回头去细细检视，就会恍然大悟：看似让人发愁的挑战，以及难度渐升的要求，其实是在不知不觉间训练我们的诸般能力。显然，人确实有无限的潜力，只要有勇气去挑战自己，就能开启非凡的人生。

在上面的例子中，那位学生抱怨老师给自己高难度的乐谱，并且缺乏出色演奏的自信，殊不知，他在严格的训练中早已经变得非常出色。这提醒我们，无论面对任何挑战，都要有勇气面对、搏击；如果连尝试的勇气都没有，注定只能活在平凡的人生里，品尝不到成功的滋味。

拳击手杰克·邓在自己的职业生涯中，就曾经遇到过无数难缠的重量级对手。在不断挑战过程中，他发现，和强劲的对手相比，“忧虑”是个更难应付的对手。杰克明白自己必须战胜它，否则就会被它消耗掉全部生命，毁掉既有的成功。因此，他不断鼓励自己，让自己保持信心，从而迈向了更高的巅峰。他说：“我打拳击这么多年来，嘴唇被打破过，眼睛被打伤过，肋骨也被打断过，但我从未感觉到拳头击过来的疼痛。在我和佛波的一场比赛中，我就不断地对自己说：‘我是无敌的……他无法击败我，他的拳头无法命中……我绝不会受伤……无论在什么情况下，我都要勇敢站着。’”

无可否认，每个人都是上帝的杰作，每个人都可以创造非凡的人生。关键是，你必须充满自信，去应对各种挫折、难题与挑战。能够带着自信上路，并且坦然面对一切的人，才会成为内心强大的英雄，并取得非凡的成就。

人生中难免有风雨，其实它们只不过是风景的一部分。最重要的是，我们自信满满地度过每一天，用心做好每一件事，那么生命就会更出彩。

## 2. 正确地理解“自信”

**如果我们把忧虑的时间，用来寻找事实，那么忧虑就会在我们智慧的光芒下消失。**

如果你连做一件事情的勇气都没有，那这件事情就不会在你手里成功。学会做一个有自信的人，首先要理解什么是“自信”。简单来说，自信是指更加了解自己，变得有自知之明，为了使事情合乎自己的要求，学会思考改变的方法。

成为一个自信的人，当务之急就是要尊重自己与他人。你必须存有这样一个基本信念：你的意见、信念、想法与感受都和任何人同等重要——同样地，此基本信念也适用于他人。你必须尽可能地了解自身的需求与渴望，这并非要你为了达成愿望而不择手段，而是为了消除以往对自信行为常有的错误观念。显然，想要达到目的，就要自信地把内心的真实想法表达出来。

生活中，一个自信的人会清楚、直接、适当地自我表达，看重自己的想法和感受，尊重内心的召唤，并且认清自身的能力和极限。换句话说，自信的人在乎真正的自己，努力做到真诚、坦白。

跟他人讲话的时候，我们可能为了留下某种印象，可能为了避免伤害他人，也可能为了操纵他人以达成自己的愿望，于是经常修改自己真正想说的内容。这样一来，双方的沟通就会很不“彻底”，最终无法让自己满怀自信地待人处事。

布朗医生与他人共同执业。在11月某个阴雨的星期四，他起床晚了。后来，又和太太吵了一架，等到他抵达诊所时已经比平时晚了10分钟。他的合伙人梅瑞医生刚好被请去费尔伯先生家出诊，对方可能是心脏病突发。这样一来，布朗医生就要面对更多的就诊病人了。

整理妥当后，布朗医生开始叫进了第一位病人。约翰在10点5分踏入诊疗室，但他跟医生约好的时间是9点30分，所以显得很不高兴。其实，约翰这几天还有很多烦心事。他和太太及两个孩子住在摇摇欲坠的房子里，但是房东似乎并不打算要修理，约翰对此无能为力。他的父亲患了癌症最近才过世。大约1个月前，约翰发现自己的胸部出现了一个肿块，这令他忧心忡忡。

约翰也担心自己的工作，他从事玻璃纤维的铸造，但玻璃纤维已经使得他前臂的皮肤发炎。为此他看过许多医生，得到的建议总是简简单单的一句话："换个工作吧！你对玻璃纤维过敏。"约翰早已表示那是行不通的，因为他需要工作，而这是他所能得到的唯一工作。所以医生往往也只是给他开一些药膏。上个星期，他打算问问梅瑞医生关于肿块的事，但是后来肿块好像消失了，所以没有过来。不过，太太催他再查查，于是才有了今天的行程。

布朗医生很快地瞄过了约翰的病历，然后抬起头对他说："约翰先生请坐。"继之又喃喃自语了一句："抱歉，让你久等了。"约翰并未听到这句话，他正专心地看着手表。

"约翰先生，你哪里不舒服？"布朗医生问道。约翰有点紧张，对医生说："我一直很担心我的……"接着，是一阵沉默。"是，是……"布朗医生稍显不耐烦地表示，眼光移到了约翰的手臂，"还是手的问题，不是吗？哎，你知道我上回说过的，如果你继续与纤维为伍，那么你的皮肤炎就一直无法痊愈。我可以再给你一些药膏，很抱歉，我也只能这样了。"

约翰一时之间并未起身。布朗医生看着他说："没有其他的事了吧？”

“没有了。”约翰犹豫了一下说。

“那么你可以走了，好好照顾自己。”布朗医生接着说。他草草地在约翰的病历档案末端做了一些摘记，然后传唤下一位病人。

约翰感到很不悦。现在他有了一份既不想要也不需要的处方，真正令人忧心的肿块却依然存在。

约翰没有把肿块的事情告诉布朗医生，并不是他没有机会，只是缺少应有的信心，如果他能换一种方式，就可能达到自己的目的。对自己负责，自信地把内心诉求表达给医生，告诉医生自己想要得到什么样的治疗，并不难。约翰无法大方地说出心里话，才会悻悻而归。

做一个有自信的人，就要对自己的生活和选择负起责任。像约翰这样，既然选择了为了肿块去看医生，那就要自己下决定，而不是盲目地追随医生的决定，否则只能怨天尤人了。对自己的生活负责，你才能够改变其中不尽如人意的部分。抱怨外部环境，恰恰说明我们无力改变现状。请牢记，你就是生活的创造者，借由本身的思想与行动，学会对眼前的事情负责，这是一件既富挑战性又令人雀跃的事。

其实，做一个充满自信的人也不是什么难事。它只是经由了解、接受自己的现状，一步一步朝着我们将来想要过的生活、想要得到的事物迈进，重拾我们丧失多年，如今却又能够再度拾得的自然本性。

如果你还不知道如何变得自信，那么请牢记我的忠告：相信自己，尊重自己，爱自己，自信地对个人选择负责，你会发现能够完成任何梦想的事情。

## 3. 强大的内心是一切力量之源

**对一个人所做的计划和行动，最有决定权的是自己的内心，因此，一个人的内心是否强大、自信，对一个人所做的事业能否成功起着关键性的作用。**

生活中，我们常常会被环境所影响，会被自己的坏情绪所支配。有时候，觉得生活得很辛苦，精神也愈发的感觉空虚。出现这种情况，是因为我们在不断追求物质利益的同时，忘记了精神上的供给；在不断追求“得”的同时，也在失去一些东西。

在西部山林里，住着一位隐居的魔法师。

一天，大雪封山，当魔法师打开门后，忽然发现一只冻僵的兔子，于是就把它抱回家，兔子渐渐地苏醒过来。此后，它就和魔法师幸福的生活在一起，白天在外面晒晒太阳，晚上回到屋子里与魔法师玩耍，生活还算愉快。

但是，魔法师的家里还养着一条蛇，虽然已经被魔法师驯服得很温顺了，可是每次兔子见到它都会心惊胆战。

这一天，兔子对魔法师说：“能和您一起生活我非常快乐，但是有一件事情，我一直很难过。”魔法师微笑着说：“那是什么事情呢？”兔子回答说：“每次看到蛇，我都会非常害怕，我现在请您将我也变成蛇吧，那样，我就不会害怕什么了。”魔法师答应了它的要求，把它变成了一条蛇。

兔子以为这样自己就可以天下无敌了，可是刚一出门，就遇到了一只盘旋而下的老鹰。老鹰瞪着一双犀利的眼睛，看上去很凶猛，吓得兔子连滚带爬地跑回家，哭着对魔法师说：“我不想做蛇了，您把我变成老鹰吧。”魔法师答应了它的要求。

这一次，变成了老鹰的兔子觉得自己终于可以内心强大地走出家门了。正在高兴的时候，忽然，一只老虎呼啸而来，吓得它拼命跑回家。兔子难过地对魔法师说：“我还是做老虎吧。”可是，做了老虎的兔子一见到房间里的蛇，还是惊恐万分。

兔子百思不得其解，于是问魔法师：“为什么我变成了凶猛的老虎以后，还是会怕蛇呢？”魔法师哈哈大笑起来：“其实，问题的关键不在于你是什么样的动物，也不在于你外部的模样，重要的在于你的心，如果你依然是兔子的心态，怎么会不害怕蛇呢？”

拥有什么样的内心，就拥有什么样的力量，而力量又推动了行为。因此，如果内心不够强大，人生就无法变得彪悍。

实际上，内心强大的人有自己的主见，不会轻易被外界的舆论影响。内心强大的人，不论身边发生着什么样的事情，经历多么大的变化，都不会心猿意马，而是时刻保持心无旁骛，依然固守着自己内心的愿景。这种良好的心理状态，是夺取胜利的保证。

忧虑并不能解决问题在工作中遇到困难的时候，正视它，并且成功地征服它。这个方法非常简单，任何人都可以用。它包括三个步骤：第一步，先放弃害怕，客观地分析整个情况，然后预先判断万一失败将会出现的最坏情况。

第二步，想象如果出了可能发生的最坏的情况之后，勇敢地面对它们。

第三步，平静下来，把时间和精力用于改善所面对的问题和困难上来。

事实上忧虑最大的害处，就是会毁掉人们集中精神的能力。当我们忧虑的时候，思想会变得杂乱纷繁，从而丧失分析能力。然而，当我们强迫自己面对最坏的情况，要先从精神上接受它，才能够权衡所有可能的情形，以便集中精力解决问题。

我认为，让生命充满无限延伸的力量，其力量之源便是一颗强大的、睿智的、明媚的、敢于承担的内心。

## 4. 学会主宰自己的意志

**意志是完全属于我们自己的东西，人生道路选择的正确与否，也取决于每个人自己。积久的习惯和物欲的诱惑不应当成为奴役我们的借口，相反，我们是它们真正的主人。**

哈佛商学院教授罗莎贝斯•莫斯•坎特尔研究发现：“事业有成的人善于变化，擅长将自己和同伴调整到某个新方向，从而取得更大的成功。”所以，适应性强是成功者的必备素质。能够与外部环境迅速匹配的人，总是不断地开拓新的领域，愿意做出新的尝试，他们为了获得新的经验，不在乎短暂的痛苦和不愉快。

学会主宰自己的意志，表现为情商能力高，他们对新事物有浓厚的兴趣。在他们看来，要想从不知到了解，惟一的途径就是打破障碍，迅速适应客观环境。比如，在一个团队里，面对有能力的新人，他们总是泰然处之，愿意调整自己以适应团队的需要，不会为推卸责任寻找借口，而是努力思考怎样才能做得更好。

关于意志自由的问题，不管逻辑学家从理论上得出什么样的结论，在实践中，每个人都会感觉到，他在善恶之间进行选择是自由的。他不只是一根被抛入水中作为判断水流方向的稻草，而是一位身怀绝技、本领高强的弄潮儿，有能力乘风破浪，勇立潮头，并在很大程度上自己掌握航向。人生中，没有什么东西能绝对约束我们的意志，只要大胆实践，学会积极思考，就能逃脱命运的捉弄，成为掌控局面的高手。

通常，人们全部事业和行为方式，虽然遵循家庭的准则、社会的调节和公共制度，但是事物的实际进程表明了人的意志是自由的。如果没有意志自由，哪里还有什么责任感可言？那教育、忠告、布道、谴责和惩罚又有何益处？如果法律不是人们的普遍信念，人们不把它作为信条来普遍遵守，那么，法律又有什么作用呢？在我们生活的每时每刻，坚守良心表明我们的意志是自由的。即使我们真正下决心要成为习惯和诱惑的主人，我们也不需要超出我们自身所具有的、更坚强的意志。

有一次，莱蒙雷斯告诫一个年轻小伙说："现在，你已经到了该自己拿主意的年龄了。否则，将来有一天，你会置身于自掘的坟墓中呻吟哀嚎，你无力推开堵住坟墓出口的岩石。对于我们来说，最容易形成习惯的就是意志力。你应该好好学习，然后坚决果断地做出决定。这样，就会使你漂泊不定的生活安定下来，不再像秋风中的落叶，随风飘零，任意东西。"

柏克斯顿坚信年轻人做事喜欢意气用事，随兴之所致，除非他已经形成了坚强的决心并能持之以恒。柏克斯顿在给儿子的一封信中写道：

"现在，你已到了该对人生方向做出选择的关键时期，你必须制订出抵御不良影响的保护性原则，必须果断地做出自己的决定，充分地表现自己的聪明才智。否则，你就会陷入无所事事的困惑之中，养成漫无计划和目标、做事效率极为低下的习惯和性格特征，成为一个懒散拖沓的年轻人。而一旦你堕落到这种地步，你就会发现找回失落的自我决非易事。

"我坚信年轻人喜欢随心所欲，凭一时兴趣行事。我生活中的乐趣和全部的成功，都源于我年轻时所做出的转变。如果你在年轻力壮、精力充沛的时候，下决心勤勉用功、做事严肃认真，那么，在你的整个人生中，你会感到欣慰和愉快，因为你的决定是明智的。”

意志，如果不考虑人生方向问题，那它就只不过是持之以恒、坚持不懈和不屈不挠的同义语。但是，显而易见，任何事情都有赖于正确的方向和良好的动机。如果一个人追求的方向是感官的快乐，那么，坚强的意志可能是可怕的恶魔，而聪明的才智只不过是它下贱的奴仆。但是，如果一个人追求的是真善美，那么，坚强的意志就是造福人类的君王，而聪明睿智才是人类最高财富的侍臣。

## 5. 相信自己不是无用之人

**自卑者的致命弱点就在于妄自菲薄，没有勇气坐在前排，他不明白人很少有通才，而是各有所长，并且他只相信别人不相信自己，而内心强大的人在任何时候都会肯定自己。**

你可能会在一条路上跌倒两次，你可能会为一个人心碎两次，漫漫人生路，不是因为不够认真，只是自己太过于天真。人的一生很长，我们需要理想、需要信仰，带着这些去为自己博得一个精彩的未来。

拥有自信的人之所以会心想事成、走向成功，是因为他们都有着巨大无比的潜能等着去开发；而消极失败的心态之所以会使人怯弱无能、走向失败，是因为它使人放弃潜能的开放，让潜能沉睡、白白浪费。

## 淡定的人生不纠结

1960年，哈佛大学教授罗森塔尔博士在美国加州一所学校进行了一项试验。他声称，自己制造出一种仪器，能够找出最优秀的人，并能发现那些将来会出人头地的人。他先从教师中选出几个人，然后又从全校的班级中选出几个班的学生作为实验对象。他对选出的老师说："我从全校的老师中选出你们几位，因为你们是最优秀的老师。这几个班级的学生也是最聪明最有可能有所成就的学生，他们将由你们来教。我相信，最优秀的老师和最聪明的学生的组合，将会产生非凡的教学结果，我的仪器不会出错。"

一年过去了，当罗森塔尔博士再次来到这所学校时，他发现那些老师个个表现优异，而他们所教的班级也成为整个学校的明星班级。罗森塔尔再次召集这些老师开会，他对老师们透露说："实际上，我并没有那样一种预测未来的仪器。那些学生都是最普通的学生，我只是随机抽取了几个班级。"

老师们对此一阵诧异。罗森塔尔博士接着说："实际上，各位老师也并不是我挑选的最优秀的老师，而是我随手抽调出来的。你们是些普通的老师，教的是普通的学生，但是你们取得了这样的好成绩。各位老师一定知道原因在哪里。"

一位老师说："是的，博士。我知道，当我们被告知是最优秀的时候，我们就努力做到最优秀的。我们的学生是聪明的、与众不同的。他们犯错误时，我们也一样有耐心帮助他们，因为他们是聪明人，他们只是无意中出了错。我们从来不打击批评学生，我们鼓励他们做到最好。我们都认为自己是不普通的，于是我们就不再普通。"

罗森塔尔听完，会心地笑了。

人人都可以成为非凡的一员。如果你在心里坚信"我能行"，你就会按照一个真正的人才标准来要求自己。如果你相信自己能够成功，你就一定能成功。只有先在心里肯定自己，你才能在行动上充分地展现自己。

一个人相信自己是什么，就会是什么。一个人心里怎样想，就会成为怎样的人。这从心理学上讲是有一定的道理的。每一个人都有一幅心理蓝图，或是一幅自画像，有人称它为运作结果。如果你想象的是做最好的你，那么你就会在你内心的荧光屏上看到一个踌躇满志、不断进取、勇于开拓创新的自我。同时还会经常收到“我做得很好”“我以后还会做的更好”之类的信息，这样你注定会成为一个最好的你。

哲学家爱默生说：“人的一生正如他一天中所想的那样，你怎么想，怎么期待，就有怎样的人生。”

成功激励大师卡耐基在12岁时由英格兰移居美国，先是在一家纺织厂做工人，当时他的目标是“做全厂最出色的工人”。因为他经常这样想，并这样做，最终实现了他的目标。后来命运又安排他当邮递员，他想的是怎样成为“全美最杰出的邮递员”，结果这一目标也实现了。他一生总是根据自己所处的环境和地位塑造最佳的自己，他的座右铭就是“相信自己是最棒的”。

相信自己能够成为成功者，往往就能成为成功者，这是人的意识和潜意识在起作用。人的心灵有两个主要部分，就是意识和潜意识。当意识起决定作用时，潜意识则做好所有的准备。换句话说，意识决定“做什么”，而潜意识便将“如何做”整理出来。

具体来说，“意识”好像冰山浮出水平线的一角，而潜意识就是埋藏在水平线下面很深的部分。有人用科学术语比喻：人体的神经子系统特别是大脑，就相当于电脑的“硬件”，意识就是这部无比精密的电脑的“操作者”，潜意识就等于电脑的“软件”。通过这些生动的比喻，你能够明白意识和潜意识的关系和奥秘。

显然，一个人如果下定决心做成某件事，那么他就会凭借意识的驱动和潜意识的力量，跨过前进道路上的重重障碍，成功也就有了保障。

一个人想着成功，就有可能成功；想着失败，就会失败。一个人期望的多，获得的也多；期望的少，获得的也少。成功是产生在那些有成功意识的人身上，失败则是源于那些不自觉地让自己产生失败意识的人。

## 7. 在信念引领下大胆行动

**仅仅拥有信念还不足以使人走向成熟。勇敢的确比怯懦要好，但是，假如我们面临考验时却转身逃跑，那么勇敢就失去了作用；除非我们能够坚守信念，否则所有理论都将毫无价值。**

人生的变数很多，没有人能够承诺给我们一个永远的晴天；没有人能够预知草莽中是否潜藏着毒蛇猛兽。然而，我们虽然不能够把握外界，行动却可以产生力量。这种力量的源泉就来自于坚强的信念，而真正的信念永远是不可战胜的。

种子播种到地里，我们看到的或许只是这个现象的本身，然而在农夫的眼里，看到的却不仅仅是这些，更是一片充满生机的绿和金黄色的收获。显然，他眼中凝聚着对收获的一种信念。正是受到这种力量的鼓舞，他日复一日、年复一年的在祖先留下的这块土地上辛勤地劳作，与土地结下不解之缘，得到的是硕果累累。

有人说，没有种子会在春天死掉。是的，它们会发芽，会长出嫩嫩的青叶，甚至还会开花——也许并没有果实，但它们顾不了太多，它们只是一个劲地往上长。看似对蓝天的崇拜和对阳光的渴望织成了它们的唯一信念。

也许它们会被春天的淫雨淹没细根；也许它们会被夏日的骄阳剥去葱绿；也许它们会被秋风无情地扯断细纤；而且最终它们会被冬雪覆盖最后一丝残存的呼吸……但是，它们并没有因为四季而放弃生命，不是吗？否则，我们看到的满眼绿色，又是什么？

也许种子看到的并非太多的残酷，也许它们会感觉到阳光与雨露的无私；也许它们会感觉到彩虹与朝霞的炫目；也许它们会感觉到落叶萧萧与薄雾蒙蒙的美；也许它们在死亡之前仍感叹生命的短暂和自然的宽容和精彩。

究竟是什么让种子如此乐观，并且能够看破风雪萌发成长成参天大树呢？是信念！因为有了坚定的信念，种子才会坚持到隆冬；因为有信念，才会有前进的动力；因为有信念，才会有无畏的胆识，超越一切，走向成功；因为有信念，所以才有了一切。

在人生的历程中，接受信念的指引，大步向前，会像种子一样战胜严酷的环境，迎来参天大树那样的伟岸。

罗杰·罗尔斯，美国纽约州历史上第一位黑人州长。他出生在纽约声名狼藉的大沙头贫民窟。这里环境肮脏，充满暴力，是偷渡者和流浪汉的聚集地。

1941年，波尔·保罗被聘为诺必塔小学的校长。他发现，这所学校的学生表现非常糟糕，旷课、斗殴，甚至砸烂教室的黑板。皮尔·保罗想了很多办法来引导他们，可是没有一个是奏效的。

后来，他发现这些孩子都很迷信，于是在他上课的时候就多了一项内容——给学生看手相。原来，他用这个办法来鼓励学生。

当时，罗杰·罗尔斯是这里一名调皮捣蛋的孩子。当他从窗台上跳下，伸着小手走向讲台时，波尔·保罗说："我一看你修长的拇指就知道，将来你是纽约的州长。"

听到这里，罗尔斯大吃一惊，因为长这么大，只有奶奶鼓励过他一次，说他可以成为一个船长。这让他兴奋了半天。今天，保罗先生竟然说他可以成为纽约州的州长，确实出乎意料。

从那一刻起，他记下了这句话，并时常想念着它。在以后的日子里，"纽约州长"就成为罗尔斯的一面人生旗帜。人们看到，罗尔斯的衣服不再沾满泥土，开口也不再是满嘴脏话，开始挺直腰杆走路。

在以后四十多年的时间里，罗杰·罗尔斯没有一天不按州长的身份要求自己。直到51岁那年，他终于成了州长。在就职演说中，罗尔斯说："信念值多少钱？信念是不值钱的，它有时甚至是一个善意的欺骗，然而你一旦坚持下去，它就会迅速升值。"

任何人都可以使梦想成为现实，但首先你必须拥有实现这一梦想的信念。信念是一种巨大的动力，它可以使你去做别人认为不可能成功的事。一个强者，能够终年一致地施行有效的做法以达到自己想要的成功。

信念，似普罗米修斯的火把一般点燃成功的导火线，那耀眼的火光刺痛人们的双眼，冥冥中，会感到一种新生的力量在每一根神经上跳跃不息。

## 8.努力做好真正的自己

**在这个世界上，每个人都是不可替代的。在学习他人的时候，我们更应该发现自己身上的优点，建立自己的优势。找到真正的自己，做好真正的自己，比什么都重要。**

其实，幸福生活需要的东西是很少的，善待和你相遇的人，放弃不能得到的，努力做好真实的自己，不抱怨，不懈怠，保持着一份冷静和坦然。在博大的宇宙面前，人就像是一片树叶，渺小无比，我们应该在这段时间里，平静地接受变化，追求真正有价值的人生。

人生最痛苦的事情，不一定是没有钱，甚至不一定是没有健康，而是身心的无所安置，不能安心，不能够坦然接受自己的境遇，多了一份欲望，反而让心灵无法找到归宿。

年仅14岁的博克，已经结识了美国许多伟大的人物，他始终相信自己可以做到任何事。

一天，一个小孩放学回家，在经过一个面包店时，饥饿的他不由停住了脚步，注视着橱窗里诱人的热圆饼和鸡蛋糕。

面包师从店里走出来对他说道："很好看，是吧？"

这个流浪到美国的荷兰小孩回答："如果窗子再干净点，就更好看了。"那个面包师说："哦，这样啊，那你能帮我把窗户擦干净吗？"

这就是爱德华·博克所做的第一份工作。虽然当时他每星期仅能挣到五角钱，但这些钱对他来说，已是一笔不小的财富。当时，他的家庭非常困窘，为了生活不得不每天提着小筐到路边，捡拾那些从拉煤车上掉落下来的碎煤。

博克刚到美国时，还不会说英语，在课堂上也听不懂老师在说什么。他一生在学校中受教育的时间加起来还不到6年，然而，后来他却成为美国新闻史上最成功的杂志编辑之一。

他说自己几乎完全不懂妇女们真正想看的是什么，然而他却创办了世界上最大的妇女杂志，并且把杂志办得非常成功。在他退休的那个月，那份杂志卖出去了约200万册，每期封面上单页广告的收费高达100万元。

爱德华•博克始终相信自己能够做到，于是在他的生命中一直都在努力去完成工作，去实现自己的价值。要知道，每个人都不是完美的，都会有不足之处。我们应该学会找出自己的缺陷，加以改正，让自己朝着更好的方向发展。我们可以有自己的个性，但要始终去努力做好真实的自己。

有这样一则小故事：在大海深处，有一种叫做“王鱼”的鱼，它本身很弱小，但它有一种特殊的本领，能够依附比它更小的动物，它把那些小的动物吸附在自己身上，随着自己慢慢变大，这些动物就变成它身上的鱼鳞，能大出它身体的3、4倍，它因此而得意。

但是随着年龄增加，它日渐衰老，身体开始收缩，原来大面积的鳞片慢慢脱落，最后变得很弱小。此时，他已经不再习惯变弱的事实，开始烦躁焦虑，于是就去撞击比它强大的东西，直到最后死亡。

这是一种悲剧，或许现实中我们在种种欲望之后，同样不再有那份恬淡的心境，人世沉浮，繁华之后是无法掩饰的那份孤寂与茫然。于是，我们需要从那些欲望里抽身而出，需要给自己心灵一个深呼吸，除去繁杂浮躁，沉淀出属于自己的纯粹。看清自己真正需要的是什么，找到自己迷失的方向。

那么，在生活中，如何努力做好真正的自己呢？

（1）将注意力集中于自己的目标，别在其他方面转移注意力。

例如：有个朋友因一件小事让你失望了，而你想让他知道自己对此感到恼怒，但你也想和他保持和谐的关系。这时候，不妨找个适当的时机好好沟通一下，如果什么都不说，或者大发雷霆，都会让彼此的关系恶化。

（2）知道自己的那些行为需要改变，并且知道自己的优点集中在哪些方面。

正如我们提过的，这涉及到忠于自己，让自己了解本身生活的真相，以及内心的诉求是什么。你也必须知道自己何时该说“好”，何时该说“不”的界限所在。即使别人可以同时处理6件事情，但却不意味着你也要这么做。

（3）忠于内心的真实想法，并按照自己的意愿行事。

如果你并不确切知道自己真正需要的是什么，那就大胆行动吧，在不断尝试中就能找到真实的自己。

（4）在生活中建立个人的自尊。

如果我们不相信自己，对自己的意见、理想与愿望没有信心，那么还有谁会相信我们呢？想要建立自尊，必须确认自己在哪些方面缺乏自尊，并找出既适合你又可用来建立自尊的技巧。

（5）学会自我监督，不要期望他人能替你代劳。

失去约束，我们的生活就会乱套。每做完一件事，或者结束一天的生活，要善于通过总结、反省，发现不足，进而加以改进。这样就能让自己变得越来越优秀。

总之，一个人在做好自己的道路上，需要克服内心的虚荣、懒惰、焦躁，给自己设定更高的目标，在困难面前勇于行动。战胜自我的过程，也就是战胜挑战的过程，最重要的是在实现梦想的同时，我们会变得更自信。

## 二、平常心：不为虚妄的名利所迷惑

所谓的平常心，是一种自然的生活态度，不甘愿平凡，但也不做非分之想，对生活负必要的责任，但不贪名逐利，淡定处世，平和做人。

## 1. 培养成熟稳重的心态

**你必须培养积极心态，以使你的生命按照你的意思提供报酬，没有了积极心态就无缘成就什么大事。**

个性是我们在与他人接触中所表现出来的性格倾向。成熟稳重的个性能够给人带来勇气和力量，也是在逆境中取得非凡成就的关键因素之一。一个真正有教养的人，不仅应该追求知识，而且要努力探求人生的真谛，以养成坚强、成熟的个性。

为此，我们在为人处世中要善于从大局着眼，深思熟虑后再做决定，这样自然容易得心应手、从容不迫。心态成熟的人，在面对社会和环境的变化时比较容易适应，换句话说，比较容易根据外界的变化来调节自己的行为。拥有成熟稳重心态的人，他们的自控能力、成熟能力都比较好；而心理成熟度差的人，不太容易适应不断变化的环境，也不太容易形成良好的自我控制，这样的人，在人际关系和心理健康中更容易出现问题。

一次，美孚石油公司要招聘一批基层管理人员。招聘采取先笔试，后由总裁亲自面试的方法，计划招聘10人，报考的却有上千人，竞争很激烈。在笔试与面试之后，公司选出了10位佼佼者。

公司总裁看过名单后，却发现有一位在面试时给他留下深刻印象的年轻人的名字没有在名单里面。于是，总裁马上叫人复查考试情况。结果发现这位年轻人的综合成绩其实名列第二，但是由于工作人员统计失误，分数和名次排错了，结果这位年轻人落选了。总裁立即要求给他补发录取通知书。

然而，第二天，有人告诉总裁一个惊人的消息：这位年轻人因为没有被录取而跳楼自杀了。录取通知书送到时，他已经死了。听到这一消息，总裁沉默了好久。他的一位助手在旁自言自语道："多可惜，这样一位有才华的年轻人，我们没有录取他。"

"不！"总裁叹口气说，"幸亏我们公司没有录用他，这样的人是干不成大事的。"

没有成熟稳重心态的人，最终会被生活所抛弃；而心态平和稳重的人，不会在任何困难面前说放弃。一个真正有教养的人，不仅应该追求知识，而且要努力探求人生的真谛，以养成坚强、成熟的个性。

当然，从一般意义上来看，随着年龄的增长，人的心理成熟度也会不断地增长，它并不是由自然规律单方面控制的增长，而是在自然规律与社会环境的双重作用下形成的增长，无论是自然规律还是社会环境，两者缺一不可。因此，如何利用社会环境，使自己的心理达到与年龄相匹配的成熟度就成为一个迫切需要解决的问题。

在生活中，应该从以下几个方面来培养自己成熟稳重的心态。

（1）提高社会的认知水平。

一个人对社会的认识与他的心理成熟度有着较高的相关度。要克服环境影响带来的偏差，不仅要从实践上获得感性的认识，还要提高理性的认识水平。

日常的工作中，我们经常会遇到一些麻烦，如与同事、领导如何更好的相处；如何克服不熟悉的工作带来的紧张感等等，这些问题对一个心理成熟度较高的人来说，不会感到太大的麻烦，而对那些心态比较幼稚的人来说，会觉得无法承受。

（2）学会应付突变的能力。

突变对人的影响在心理学中叫做“应激”，个体面对“应激”时通常有两种不同的反应，也就是理性应对和情感应对。前者以对事物发展的规律性认识为基础，把握事物的规律，如此一来，个体不仅能够洞察事物的本质，也能够预测未来，并根据未来事物可能的发展而采取必要的行动。而后者就带有一定的盲目性。

调查显示，心理成熟度高的人在“应激”条件下多采用理性应对。因此，提高在突变环境下的应付能力有助于增强心理成熟度。

（3）提高自己综合的心理平衡能力。

了解自己的优越与不足可以减轻紧张情绪。因为当我们明确承认自己能力有限，就可能使我们摆脱某种潜在的不良情绪，如此，就会懂得何时该去求助于他人，怎样与他人合作共事。

（4）还要学会在危机中寻找机遇。

在面对危机时，应该想想怎样利用身边可以寻求到的力量来帮助自己，将坏事变成好事。倘若你能够从挫折中吸取经验教训，那么今后就能够减少挫折。

总之，一个人如果没有一个成熟稳重的心态，即使他有着骄人的才能，也不会与社会有很好的融合，相反，一个心态稳重的人更能够被社会所认同。保持成熟稳重的心态，才能够得到别人的信任，才能够在成功的道路上走得更远。

## 2. 坦然接受眼前的一切

**对必然的事轻快地承受，就像杨柳承受风雨，水接受一切容器，我们也接受一切事实。**

很多时候，我们不必为不能解决的问题而沮丧，这些所谓的遗憾有时候并不重要。敌意也罢，误解也罢，轻视也罢，矛盾也罢，都会随着时间的推移而淡淡化开，时间可以使沧海变成桑田。在时间面前，我们所遭遇的种种不快都是微不足道的，只要在你的胸襟里充盈着两个字：坦然，你的生活就会充满色彩。

我曾经看见那些假日垂钓的人，他们迎着朝霞一路欢歌而去，背着晚霞一脸笑容而归，而他们的鱼篓却是来也空空，去也空空。于是，我不禁感到惊讶：付出了一天的等待，却一无所获，为何还是如此的快乐？他们告诉我：鱼不上钩是它的事，而我却钓上来一天的快乐。这时我明白了，坦然是一种没有失意的乐观。

我也曾经在烈日炎炎的夏日道路上遇到骑单车旅行的团队，他们都是一些银丝华发的老人。当他们在树荫下小憩时，我看到有的人虽然有一些疲惫，但脸上都绽放着快乐的笑容。于是我不禁问道：这是不是自讨苦吃？在这样的天气里，留在家里休息该多好。然而他们却说：虽然在外旅行没有家里舒适，但我们却有车骑，有水喝，有面包吃，最主要的是我们收获了一路的风景，练就了一身的健康。这时我明白了，坦然是一种不会衰老的不知疲惫的调适。

美国人艾迪·雷根伯克在探险时，与他的同伴迷失在浩瀚的太平洋里，他们毫无希望地在救生筏上漂流了21天之久。

艾迪说："我从那次经验里所学到的最重要的一课是：如果你有足够的新鲜的水可以喝，有足够的食物可以吃，你就绝不要再抱怨任何事情了。"

后来，艾迪在他浴室的镜子上贴上了这样几句话，让自己每天早上刮胡子的时候都能明白：不抱怨，接受眼前的一切才会有幸福可言。

接受眼前一切，做到知足，是对欲望的一种理性的审视。俄国作家契诃夫对知足常乐有深刻的体会，他说："为了让内心不断感到幸福，甚至在忧伤悲愁的时候也不变，那就需要善于满足现状；高兴地体会到'本来事情可能更糟'。如果你有一颗牙疼起来，那你就要欢欢喜喜，因为你不是满口牙都疼。你手上扎了一根刺，你要高兴地喊一声：'幸亏不是扎在眼睛里！'"

人生充满了酸甜苦辣，有成功也有失败，有欢乐也有痛苦，有希望也有失望，有得到也有失去，生活不可能尽善尽美，人生不可能完完美美。

于是，快乐的时候，你要想，这快乐不是永远的；当你痛苦时，你也要想，这痛苦不是永恒的；如果你能够平平安安度过一天，那就是一种幸福；多少人在今天，已经看不到明天的太阳；多少人在今天，已经失去了健康的身体。人生的很多体验，只是在失去的时候，才能够获得。而这种失去谁又能说只有遗憾呢？

任何事物都有它的两面性，好事可以变成坏事，坏事也可以转变成好事，世间没有一成不变的东西。因此，不要对生活抱有过多的奢望，不要对生活存有过高的期望，希望不大，失望就不会太多，不要刻意去追求生活的完美，坦然接受眼前的一切，认真过好每一天。

很多人，很多事，我们是左右不了的，也捉摸不透，但我们不必在意，不必计较。面对人与事，献上我们的真诚，献上我们的热情，只为了求得心灵的宁静和自在。未来的境况，我们是预料不到的，对待事业，只要努力拼搏了，就没有遗憾；对待爱情，只要我们真诚付出了，就无怨无悔。努力过，奋斗过，就有了付出后的快乐和坦然。

一对年已耄耋的夫妇，妻子因偏瘫长年卧床，丈夫也患上轻度的老年痴呆症。每天，丈夫总是坐在妻子的床旁，默默地陪伴着，偶而说上几句话；妻子则抓住丈夫的一只手，无言地摩挲着。

到了吃饭的时间，丈夫就会搀扶起妻子，走到饭桌边，和儿子一家共同进餐。老妇人如果不慎呛一下，就会有一只布满老年斑的大手轻轻拍拍她的背……吃过饭，两位老人就手拉手地在沙发上小坐，看着儿孙们收拾饭桌。一日又一日，老人们就这样和儿子一家过着惯常的生活。

平淡中自有幸福的滋味，最重要的是你懂得欣赏，并用心去感受。当年华老去，我们没有了健康的身体，可我们依旧可以快乐地享受儿孙满堂带来的幸福。学会坦然，是一种失意后的乐观，是一种沮丧时的调适，是一种平淡中的自信，是一种逆境中的从容。坦然，使你活得自然，活得真实，活的轻松；坦然，使你不为名利所困扰，不为仕途所忧虑，不为得失所不安；坦然，使你睿智洒脱，使你了无牵挂，使你胸怀博大。坦然，是一种高深层次的文化修养，是一种宠辱皆忘的豁达情怀，是一种豁然开朗的精神境界。

## 3. 看淡名利让生活更从容

**一个低调对待名利的人，所得到的不仅仅是更加和谐巩固的人际关系，同时还能使自己的思想境界更开阔，当真正的低姿态做人，能成为自己的人生态度时，那标志着这个人已进入了一个很高的人生境界。**

生活中，追逐更高的奋斗目标无可厚非。但是，如果失去了一颗平常心，过分求取对自己并不重要的东西，就有失偏颇了。能够看淡名利，你会更从容、淡定。

一对夫妻年轻时共同创业，到中年终于小有成就：公司净资产一千多万美元，而且发展势头良好。提起这对夫妻档，商界的朋友都伸大拇指。然而就在他们的事业如日中天的时候，两人却隐退了，他们辞去了董事长、总经理的位置，将大部分股份卖给一个他们平时就很欣赏的企业家，将房子和车委托给好朋友照管，两个人潇洒地环游世界去了。

消息传出后，大家都觉得太可惜，一些亲戚朋友也不理解，讽刺他们说：“年纪这么大了，办事却像小孩子一样，那么大的家业说丢就丢，放着好好的老总不做，偏要满世界闲逛！”

在一些人眼里，这对夫妻确实很傻，竟然抛下名利。从此以后，他们再也体验不到当老总前呼后拥的风光，和大把大把赚钱的乐趣了。然而，这对夫妻自有他们对生活的理解和选择，他们放弃了虚名浮利是为了去感受生活的真正乐趣。

毋庸置疑，金钱作为财富的象征，是让生活更加舒适的保证。有了钱，就可以住豪宅，开名车，吃大餐。在一些人眼里，金钱甚至是一种带有魔力的，可以让人为所欲为的东西。

然而任何事情都有相反的一面，金钱也会给你带来很多麻烦。比如有了钱以后，你就得为自己的安全担扰，谁知道哪个家伙是不是正打着“劫富济贫”的算盘；有了钱，你就会失去很多朋友，你可能会担心对方是不是冲着你的钱来的。

今天，随着心中的欲望不断膨胀，人们自然而然地希望自己能够拥有更多：财富越积越多、名声越传越响、地位越攀越高。在追求利益最大化和名誉超然化的过程中，人们逐渐走入了一个误区，认为什么都是越多越好。岂不知，无休止地争名逐利，会彻底摧毁我们正常的生活。到那时，我们就会被囚禁在一个叫做“名利”的笼子里，整天为了“摆脱”而使自己疲惫不堪。

安迪是一家大型科技企业的技术经理。他所在的部门不仅成功培养出十多名精英，包括他在内的五个人更是被公司选定为技术总监的候选人，将接受来自上司长达半年的考核，选出综合素质最高者出任总监。私下里，很多同事都认为34岁的安迪最具竞争力，他的顶头上司也暗示过他要多加努力。

然而，从公司下达选拔令之后，安迪明显感觉到自己与几名竞争者的关系骤然紧张起来，原本亲如手足的伙伴，一下子变成了争名逐利的对手，这是让他无法接受的。在安迪看来，这家企业之所以能吸引他的地方并不在于能升职加薪，而是每天可以做自己喜欢的事情，进一步提升自己的能力，享受同事之间自如和谐的关系。对于名利，他完全不在乎，而那些指挥别人、协调关系等工作更是一种负担。

究竟是接受自己不喜欢的生活，继续追逐更高的职位，还是退一步接着过自己喜欢的生活？最终安迪做出了一个令所有人吃惊的决定：放弃技术总监的角逐。对于安迪的决定，公司上下除了一片惊讶的声音之外，更多的是大家对他由衷地佩服。尤其是之前那几位与他竞争的同事，此时也纷纷向他表示敬意。

经过多次协商，上司对安迪的能力赞赏有加，同时也一致认可他的大度、宽容、淡泊名利的精神。为了给予奖励，特别为安迪设立了一个技术顾问的职位。这样一来，他既得到了更多技术研究的资源与权力，也可以专心做自己喜欢的工作，又不必牵扯精力在不擅长的事情上。安迪用低调对待名利的行为，得到了大家的肯定，也给自己带来了巨大的收获，真是皆大欢喜。

很多时候，人们沿着自己最初制定的职业发展道路狂奔了许久，在分岔路口却发现，自己并没有朝着喜欢的方向前进。于是，有些人选择了低调对待，毅然地放弃了那些流光溢彩、华而不实的名利争夺，他们情愿为了某个目标或理想去放弃自己已经拥有的东西，将曾经追逐名利的劲头转向人生的另一片天地，去寻找真正适合自己的生活。

一个人如果养成看淡名利的人生态度，那么面对生活，它就会更容易找到乐观的一面，能够从容面对生活中的得与失。现代人面对着花花绿绿的精彩世界，更应该有淡泊名利的思想，如此才能在纷繁的世界里，在众多的不公平中，在自己的心中，构建一片宁静的田园。

## 4. 放弃不属于自己的东西

**背负着太多东西上路，会给人沉重的压力。勇敢丢下那些不属于自己的东西，不但会走得更快，也会有更多精力欣赏沿途的风景。**

这个世界有很多东西，并不属于自己，它只是我们的生命中一个过客，匆匆而来，又匆匆而去。因此，面对想留却留不住的东西，不妨学会遗忘，或者把美好的回忆藏在心里，用一生的时间去回味。

与拥有相比，放弃更需要智慧。放弃并不是消极地放手，它需要睿智的思想和博大的胸怀。放弃是一种勇气，但放弃绝不是对自己的背叛。放弃悲伤，你将收获快乐；放弃痛苦，你将获得幸福；放弃寒冷，你将收获温暖。

有一个小男孩，把手插进茶几上的花瓶里。花瓶上窄下阔，所以他的手伸进去后，出不来了。男孩的妈妈用了不同的办法，想把卡着的手拿出来，但是都没有成功。看到孩子痛苦的样子，妈妈有些着急了。她稍微用一点力，孩子就痛得哇哇直哭。

在无计可施的情况下，妈妈决定把花瓶打碎。不过，她又有些犹豫，因为这个花瓶不是普通的摆设，而是一件极具收藏价值的古董。但是，为了儿子也只能把它打碎。

花瓶被打破了，虽然损失不菲，但儿子平平安安，妈妈也就放下心来。她让儿子把手伸出来，看看有没有受伤。奇怪的是，儿子的拳头仍然紧握着，好像无法张开。难道抽筋了？妈妈再次惊惶失措。

后来才知道，孩子的手不是抽筋。他的拳头张不开，是因为他紧握着一个硬币。原来，他是为了拿这个硬币，所以把手卡在花瓶里的。而且，孩子的手伸不出来，并不是因为花瓶的口太窄，而是因为他握住硬币不肯放手。

生活中，很多人和这个小孩一样，放不下到手的职务、待遇，整天东奔西跑，荒废了自己正当的职业。生命如舟，人的一生中不能有太多的负重，否则生命的小船就会在抵达彼岸的航途中搁浅，甚至沉没。所以，要放弃不属于自己的东西，该放下时就放下，不要徒为虚名劳累。

当年，爱因斯坦曾收到一封邀请他出任以色列总统的信函，但爱因斯坦却拒绝这一邀请，放弃这个职位，他说：“我的整个一生都在同客观世界打交道，因而缺乏天生的才智，又缺乏经验处理行政事务和公正地对待他人，所以我不适合这个职位。”

爱因斯坦放弃了这个令许多人羡慕的职位，专注于客观世界，最大限度地实现了其人生价值，成为科学巨匠。

爱因斯坦的故事，告诉我们一个真理：该放弃时就放弃，这样你才能专注于自己真正热爱的东西，不会生活在焦虑里。能够放弃不属于自己的东西，是一种能力。具备这种能力的人，才能生活无牵绊，坦坦荡荡。

很多事情，总是在经历过后才懂得。一如感情，痛过了，才懂得如何保护自己；傻过了，才懂得如何适时地坚持与放弃。在得到与失去中慢慢认识自己，也许生活并不需要太多无谓的执着，学会放弃，生活就真的容易。

在爱情的世界里，学会放弃，在落泪之前转身离去，留下简单的身影；学会放弃，将昨天埋在心底，留下最美好的回忆；学会放弃，让彼此都能有一个更轻松的开始。每一份感情都很美，每一程相伴都令人迷醉。是不能拥有的遗憾让我们更感眷恋。收拾起心情，错过花，你将收获雨！

总之，生活中会遇到许多不如意的事。要做到事事顺心，就要拿得起放得下，不愉快的事就让他过去，不放在心上。一个人如果学会了放弃之道，不愉快的心情自然消失，取而代之的是朝气蓬勃的新生，成功的光环也将再度发出耀眼的光辉。

## 5. 不为虚名所奴役

**重名利的人被智者所轻蔑，为势力者所叹服，为阿谀者所崇拜，而为自己的虚名所奴役。**

人生是一个大舞台，没有人永远在台上，也没有人永远在台下，只是时间的长短而已，唯有把握住上台时演出的角色，演什么像什么，扮好自己的角色，那么不管是主角或者是配角都是值得鼓掌的。

所谓“在台上”，就是自己享受名利的时候，是被人所羡慕的时候。如果你在台上，应努力扮演好自己的角色，尽自己的责任。所谓“在台下”，就是人生不如意的时候，或者从岗位上退下来的时候，不必感叹和惋惜，不妨做个最好的观众，给台上的热烈鼓掌。

有一个拳手，在连续获得203场胜利之后却突然宣布退役，而那时他才28岁。很多人猜测，他一定出了什么问题。其实不然，这个拳手无疑是明智的，因为他感觉到自己运动的巅峰状态已是昨日黄花，而以往那种求胜的意志也迅速落潮，于是主动宣布撤退，去当了教练。

应该说，他的选择虽然有所失，甚至有些无奈，然而，从长远来看，却也是一种如释重负、坦然平和的选择。比起那种硬充好汉者来说，他是英雄，因为他毕竟是消失于人生最高处的亮点上，给世人留下的毕竟是一个微笑。

一个明智的人，既然“拿得起”那颇有分量的光环，也同样应当“放得下”它，从而使自己步入柳暗花明的新天地，做出另一种有意义的选择。这样，我们又有什么惆怅或遗憾的呢？人生旅途中，总会遇到某些不得已的情况而不得不“放下”的时候。比如，一个人到了年迈体衰时，就有突然遭遇“被剥夺”辉煌的可能，这当然也是考验人如何对待“拿”和“放”的时候。

美国第一位总统、开国元勋华盛顿连任一届总统后便坚持不再连任。他离任时，坦然地出席告别宴会，坦然地向人们举杯祝福。次日，他又坦然地参加了新任总统亚当斯的宣誓就职仪式。然后，他挥动着礼帽，坦然地回到了家乡维农山庄。这一瞬间，给历史留下了永恒的光彩。

英国著名科学家赫肯黎，因其卓越的贡献而享有崇高的声望，然而，到了80岁时，赫氏不得不考虑放弃解剖工作时，他毅然辞去了所任的教授、渔业部视察官等职务。最后，他还辞去了一生中最高的荣誉职务——英国皇家学会会长。不难设想，此时赫肯黎的心情何其沉重、心绪多么复杂，他甚至在发表了辞职演说后对友人这样说：“我刚刚宣读了我去世的官方讣告。”尽管如此，他毕竟如此“放下”了，在没人强迫的情况下如此“放下”了。

一个职务，一种头衔，自然意味着一个人在社会上所取得的成就和地位，它的意义是不言而喻的。然而，华盛顿和赫肯黎都有“拿”上了自身地位最高的辉煌，可他们又都主动“放”下去了。一位智者说得好：“重要的并非是你拥有了什么，而在于你忍受了什么。”以坦然和克制的态度去承受离任或离职之“放”的人，应该说他活出了一份潇洒与光彩，活出了一种落落大方的风范。

美国南北战争时期，南军的主将罗伯特在投降仪式上签字以后，心情十分沉重。他默默地回到弗吉尼亚，避开了所有的公共集会及所有爱戴他的人们。后来，他又默默地接受了政府的邀请，出任华盛顿学院院长一职。不耽于沮丧与懊悔，一切复兴家园的“战役”始终在默默地进行之中。

应该说，罗伯特是明智的，他懂得：“将军的使命不单单在于把年轻人送上战场拼杀，更重要的是教会他们如何去实现人生价值。”看来，罗氏是真正弄懂了如何在“放得下”中实现自己价值的人，这情形恰如爱因斯坦所说的那样：“一个人真正的价值，首先在于他在多大程度上和什么意义上从自我中解放出来。”像罗伯特那样跌倒之后又爬起、“拿起”之后又“放下”，这里面的大勇气和大坦诚是令人钦佩的。

请牢记一点，人生中最有价值的不是拥有什么东西，而是拥有健康的心态。富有的人并不是拥有最多，而是需要最少。造物主在把那么多美德赋予了人类的同时，也把名利、是非、金钱得失同时嵌入了人的身体。于是这些固有的心病便成了桎梏与羁绊，成了悬崖与深渊，它们将众多的人挡在了幸福的大门之外。虽然世人都知道名利只是身外之物，但却很少有人能躲过名利的诱惑，一生都在追逐名利，甚至为名利而越轨。一个人如果不能淡泊名利，就无法保持心灵的纯真，到头来只能得到疲累与无尽的挫折。

## 6. 享受现实生活的那份恬淡

**虚妄的名利带给人们的麻烦是有目共睹的，所以，我们要远离和扯掉那些华而不实的外衣，千万不要成为它们的奴隶。**

生活是一杯醇醇的酒，越品越散发浓郁的清香。生活又如一碗淡淡的茶，稳如泰山、淡定自若。生活还像一本厚厚的书，从不同的角度看会有不同的体验。所以，只要我们用心去体味，生活的芬芳无处不在。

初次见面的两个女人，在相互打招呼的瞬间，就会将对方从头到脚打量一遍，以确定对方的价值。比如对方的饰品、服装以及携带物，都是可以评估的对象。如果哪位身上佩带着金项链或钻戒的话，那就会更加认真地“研究”一番，以确定它是真品还是赝品，价钱多少等等。

## 淡定的人生不纠结

一天，两位穿戴华丽的夫人在豪华的商场珠宝行相遇了。一位夫人说："你瞧，这颗蓝晶晶的钻戒真漂亮，我打算买下来。你呢，看中哪一款了？""哦，那好啊。但我却不打算买，并不是这些珠宝不够漂亮，我是看它们好像有些灰尘，一定是摆的时间太久了。"另一位夫人回答："没关系，我家里有昂贵的法国红酒，买回去清洗一下就行了。""哎哟！你还要用红酒来清洗呀？真是太麻烦了。我的珠宝只要一沾了灰尘，就扔掉了！"

这个故事生动地反映了两个女人爱慕虚荣的心理：一个用买钻戒来表现自己的富有，用昂贵的红酒清洗来炫耀自己奢侈的生活；而另一个则表示自己的钻戒沾了一点灰尘"就扔掉"，来表明傲气与奢靡。可见，两人的"虚荣情结"是多么严重。

心理医生告诉我们，预防虚荣行为要及时进行自我心理纠偏。如果一个人已经出现自夸、说谎、嫉妒等病态行为，可以采用自我心理训练。就是给自己施加一定的自我惩罚，如用套在手腕上的皮筋反弹自己，以求警示与干预作用。久而久之，虚荣行为就会逐渐消退。虚荣给人们带来的麻烦是有目共睹的，所以我们要扯掉那一层华而不实的外衣，千万不要成为虚荣的奴隶。

克服虚荣的心理，首先应该提高自我认知，正确认识自己的优缺点，分清自尊和虚荣的界限。要懂得诚实、正直是做人最起码的要求，我们绝不能为了一时的心理满足而扭曲了心灵。而一个人只有做到自尊自重，才不至于在外界的干扰下失去人格。所以，请珍惜自己的人格，崇尚高尚的人格就可以使虚荣心没有机会占据上风。

人应该追求内心真实的美，不图华丽的虚名。一个人追求真实，就不会通过不正当的手段来炫耀自己，就不会徒有虚名、华而不实。很多人能在平凡的岗位上做出不平凡的成绩，就是因为有自己的理想。同时，要正确评价自己，既要看到自己的长处也要看到自己的不足，时刻把实现理想作为主要的努力方向，就不会心有杂念。

此外，还要树立正确的荣辱观。对荣誉、地位、得失、面子要持有一种正确的认识。一个人活在世界上要有一定的荣誉与地位，这是心理的需要。每个人都应十分珍惜和爱护自己的荣誉与地位，但这种追求必须与个人的社会角色相一致，才不会出现偏差。

克服虚荣心要从实际出发，踏实工作，培养锻炼自己的真才实学和良好的心理素质，才能挣脱虚荣的魔咒。另外，攀比也是诱发虚荣的一个主要原因。如果一味地去跟他人比较，心理永远都无法平衡，反而会促使虚荣心越发强烈。所以，要正确对待别人的评价，正确看待他人的优越条件，以此作为自己前进的榜样。要通过自己的实际努力来满足自己的需要。只有自信和自强，才能不被虚荣心所驱使，才能成为一个有高尚品格的人。

## 7. 身心疲惫的时候学会放松

**在你感觉疲劳之前先休息，这样你每天清醒的时间就可以多增加一小时。**

随着时代竞争的加剧和生活节奏的飞速提高，紧张的工作、沉重的压力让人际关系变得冷淡。在我们周围，大家真正的心灵沟通越来越少，丝毫感受不到快乐与幸福。

在这种情况下，许人都觉得生活得很累，觉得生活似乎已失去了活着的目的而显得有些苍白和暗淡，以至于怨声载道。那么，所谓的“累”到底是怎么回事呢？如何摆脱这种让人纠结的不良体验呢？

不可否认，有一种累，的确是工作太忙，休息的时间太少，以致于身心疲惫，而感到很累。对此，只需要好好休息休息，减少一点工作时间，多进行一些有益的娱乐活动和社交活动，你便觉得很轻松，内心的劳累便会少了很多。

还有一种累，完全是心理上的累。这种人本来很乐观、豁达，对人非常热情，为人诚实，一丝不苟，办事非常认真。稍有点儿过失，他就有点过意不去。这种典型的完美主义者似乎是理想主义者，为了使每件事近乎完美，他必须要比别人付出的更多，这样下去当然要比别人累。这种人往往对某种东西特别在乎，他感觉付出了很多，当然要求要有所回报，这样他的期望值就比较高。而一旦事不顺心，他的内心在期望与实际情况的强大反差下，感到一种失落感，正由于如此，他才觉得累心。

现在我要告诉大家一个令人吃惊而且非常重要的事实：单单用脑不会使你感到疲惫。这句话听起来非常不可思议，然而科学实验却证明了这一点。

那么是什么让你疲劳呢？心理治疗家认为，我们感受到疲劳多半是由精神和情感因素引起的。英国最有名的心理分析学家海德费在他的《权力心理学》里说：“我们感到的大部分疲劳，都是心理影响的结果。实际上，纯粹由生理引起的疲劳是很少的。”

一位美国著名的心理分析学家布列尔博士说得更详细：“一个久坐的工作者，如果健康情况良好的话。他的疲劳百分之百是受心理因素，也就是情感因素的影响。”

哪些因素会导致疲劳呢？当然是烦闷、懊恨，以及忙乱、焦急、忧虑等等。这些感情因素使人容易感冒，使工作成绩下降。人们之所以感到疲劳，是因为自己的情绪使身体紧张。

为什么在从事脑力劳动的时候，也会产生这些不必要的紧张呢？几乎所有的人都相信越困难的工作就越得用力做，否则就不能做好。所以，我们一集中精力就皱起了眉头，耸着肩膀让所有的肌肉都“用力”。实际上，这对我们的思考根本没有丝毫帮助。碰到这种精神上的疲劳状况，应该放松、放松、再放松。

这很容易吗？不，你要花很大力气才能把一辈子的习惯改过来。威廉•詹姆斯在那篇名为《论放松情绪》的文章里说：“美国人过度紧张、坐立不安、表情痛苦，这是一种坏习惯，地地道道的坏习惯。”紧张是一种习惯，放松也是一种习惯，而坏习惯应该消除，好习惯应该保持。

以擅长写作长篇小说闻名的女作家薇姬•贝姆曾说，她小时候遇见过一位老人，教给她一生中所学过的最重要的一课。那时候，她摔了一跤，碰破了膝盖，扭伤了手腕，有个曾在马戏团当小丑的老人把她扶起来。在帮她把身上灰尘掸干净的时候，那个老人对她说：“你之所以会碰伤，是因为你不知道怎样放松自己。你应该假装你自己软得像一双袜子，像一双穿旧了的袜子。来，我来教你怎么做。”

那个老人就教薇姬•贝姆和其他的孩子怎么样跑，怎么样跳，怎么样翻跟头，还一直对他们说：“要把你自己想象成一双旧袜子，那你就能放松了。”

由此可见，学会放松才能生活得更快乐，而学会休息，是为了更好地做事。凡事不过分劳累，才能保持最佳的状态。下面是帮你学会怎样放松的四项建议：

（1）随时放松你自己，使你的身体软得像一双旧袜子。

我在工作的时候，常常在桌子上放上一双红褐色的旧袜子，提醒我应该放松到什么程度。如果你找不到一双旧袜子的话，一只猫也可以。你是否曾经抱过在太阳底下睡觉的猫呢？当你抱起它对，它的头就像打湿了的报纸一样垂下去了。

（2）工作时采取舒服的姿势。

要记住，身体的紧张会产生肩膀的疼痛和精神上的疲劳。尤其是对上班族来说，久坐不利于身体健康，要适当做一些简单的运动，舒缓紧张的肌肉和神经。

（3）每天坚持自问自查。

经常问问自己："我有没有使自己的工作变得比实际上的更繁重？我有没有使用一些和我的工作毫无关系的肌肉？"这些都有助于你养成放松的好习惯。就像大卫•哈罗•芬克博士所说的："那些对心理学最了解的人都知道，疲倦有三分之二是习惯性的。"

（4）反省自己的做事方式。

每天晚上问问自己："我到底有多疲倦？如果我感觉疲倦，这不是我过分劳心的缘故，而是因为我做事的方法不对。"

"我算算自己的成绩，"丹尼尔•何西林说："不是看我在一天工作结束后有多疲倦，而是看我多不疲倦。"他说："如果哪一天过完后我感到特别疲倦，或者是我感觉自己的精神特别贫乏的时候，我会毫无问题地知道，这一天不论在工作的质和量上都做得不够。如果每个企业家能学会这一点，因为神经紧张引起疾病致死的比例，就会马上降低。而且，我们的精神疗养院里，也不会再有那些因为疲劳和忧虑导致精神崩溃的人了。"

## 8. 别为了虚荣心背上枷锁

**解决人类的虚荣心问题，其根本不在如何去取缔它，而在于如何去改善它，诱导它走向对人有用的方向。因为破坏虚荣，也等于破坏了整个人类！即使人类被破坏到只剩下最后一个人时，他也还会为自己能够独自存活而沾沾自喜！**

虚荣心是人类一种普遍的心理状态，它是一种扭曲的自尊心，是一种追求虚表的性格缺陷，是人们为了取得荣誉和引起普遍的注意而表现出来的一种不正常的社会情感。它在行为上主要表现为盲目攀比，过分看重别人的评价，自我表现欲太强，有强烈的嫉妒心。

一个人如果只追求表面的光彩，只能得到一时的满足，而将自己的心拖入永久的疲惫中。很多虚荣的人，都认为工作一定要比别人好、工资要比别人高、人脉要比别人广、升职要比别人快、衣服要比别人贵、吃的要比别人讲究。可是样样都比别人好，就必须比别人付出更多的努力。

显然，如果一个人将所有的精力和时间浪费在没完没了的比较中，带给他的只能是心情越来越紧张和焦躁，感觉越来越累，快乐也越来越少。虚荣固然可以让我们荣耀一时，但是，你需要付出多少来为这一时的灿烂买单呢？

## 淡定的人生不纠结

莫泊桑的小说《项链》描写了这样一个故事。玛蒂尔德是一个漂亮的女子，但是出身贫寒。因为长得漂亮，所以她认为，只有王子、香水和昂贵的珠宝才能与她相匹配。然而，现实却捉弄了她，她最终嫁给了一个小职员。

但是，玛蒂尔德并不甘心，她对贵夫人的生活心驰神往，总是渴望自己能够穿上一件漂亮的长裙，再戴上一挂美丽的钻石项链。她认为，只要她拥有这些，完全可以使上流社会的小姐和夫人们黯然失色。

终于，她等到了一个绝佳的机会。有一次，她被邀请去参加公共教育部长和夫人举行的盛大晚宴。为了能让自己成为宴会的焦点，她的虚荣心疯狂地膨胀了起来。她买了件新衣服，化了精致的妆容，还特地从朋友莱斯蒂太太那里借来了一颗钻石项链。一切准备就绪，只等着晚会的时候大放光彩。

果然，她成为了晚会上最出众的女人。晚会后，她仍陶醉于被人仰望的快感之中，久久不能自拔。当她对着镜子卸妆的时，赫然发现脖子上的钻石项链不见了，怎么找也找不到。后来，她和她的丈夫开始省吃俭用，辛苦工作，用了整整10年的时间才挣够了赔偿这条钻石项链的钱，而那晚光彩照人的玛蒂尔德早已变得苍老憔悴。

玛蒂尔德为自己一时的虚荣赔上了自己一生的青春和幸福，这是得不偿失的。可见，虚荣是人生的一大悲哀。人生很短暂，真正属于自己的快乐更是珍稀，为何还要为了迎合别人而改变自己呢？为什么不能为了自己真实而快活地活一次呢？须知，人的价值是靠实力来支撑的，并不靠靓丽的外表来体现。

克服虚荣必须分清自尊心和虚荣心的界限，正确认识自己的优点缺点，必须做一个诚实的人，必须培养自己的求实品质。有些人非常希望得到别人的尊重与欣赏，却往往不能如愿以偿，一个重要的原因是他们陷入了虚荣的误区。虚荣心是一种表面上追求荣耀、光彩的心理。虚荣心重的人，常常将名利作为支配自己行动的内在动力，总是在乎他人对自己的评价。一旦他人有一点否定自己的意思，自己便认为自己失去了所谓的自尊而受不了。

那么，怎样克服虚荣心呢？可以通过四种方法去克服：

（1）以平常心态对待学习、生活和工作，就会有一种平和感与幸福感；

（2）对待朋友做到谦虚、真诚，就会有一种荣幸感和自在感；

（3）敢于暴露自己的不足，通过忏悔和改正的心态去面对，从而获得安全感；

（4）尊重自己的人格、行为、道德，用真才实学来充实自己。

总之，我们绝对不能做被别人看不起的卑鄙的事情，要用真诚待人来完善自己，用美好品德来尊重自己。不要追求一种暂时的、表面的、虚假的名利。

美国文化精神领袖爱默生曾告诫年轻人："幻想成功、追求名誉无可厚非，但更重要的是脚踏实地的精神。"他说："当一个人年轻时，谁没有空想过？谁没有幻想过？想入非非是青春的标志。但是，我的青年朋友们，请记住，人总归是要长大的。天地如此广阔，世界如此美好，你们需要的不仅仅是一对幻想的翅膀，更需要一双踏踏实实的脚！"

## 9. 平平淡淡才是生活的佳境

**平淡的生活就像是一杯茶，只有经过浸泡、品尝，你才能体味到它的芳香，如果你有时感到它很乏味，那不是茶不香，是因为你的品茶功夫还不到位。**

人生始于平淡，归于平淡。人生其实就是一个平平淡淡的过程，它是一种境界。生活中不可能总是绚丽多彩，也不可能都是灰色阴暗。有轻轻的风，也会有倾盆的雨，看过了迷蒙的浓雾，再看到天空的云卷云舒，就会感到平平淡淡才是真。

平淡是心静如水，是人生的一道风景，是平平静静，是一种境界，是一种状态，是一种心情。生活本身是乏味的，日出而作，日落而归，有的人为了名利、金钱、地位，忙得身心疲惫，正是有了这样的纷扰，生活才会五彩缤纷。然而，在华丽的生活景色中，蕴藏着平淡的美好，构成了生活中另一种美。

人生一世，即便能够轰轰烈烈，也不会持久，平淡才是最后的归宿。没有大风大浪的人生，就应该安于平淡的生活，在平淡的生活中快乐充实就是精彩的人生。平淡就是把生活中的名利参透看淡，不让那些不切实际的欲望左右自己，这样的平淡绝不是平庸而是一种平和的心态，所有的一切都在平淡之中变得真切。我们的生活不是戏剧，不需要那么多曲折的情节，不需要那么多耀眼的灯光，不需要那么多美言佳句。我们的生活是一泓清溪，虽有微澜，但更多的是安详宁静，在无声无息中不断地更新，不断地醇厚。

平平淡淡才是真，这就是我们的生活。正如罗素所说："人生当如河流，初期狭窄，与两岸挟持间奔腾而下，继而河岸渐宽，河水渐缓，最终悄然流入大海。"一个人最大的乐趣来自于平淡的家庭生活，真正的人间温情来自于平淡的人生。

有一对平凡的老夫妻，每天清晨都会牵着手到公园散步，老人的恩爱总是让一旁的年轻人羡慕不已，人们都认为两位老人一定是共同经历过轰轰烈烈的大事，所以才能相濡以沫地走到今天，但是老人告诉大家：他们的一生都在平淡之中度过，老大爷年轻时是个军人，妻子没有因为他的升迁而兴奋轻狂，因为她明白这是丈夫努力的结果。结束26年的军旅生涯，夫妻二人回到故乡成为普通的职员。在人生的转折点上，夫妻二人没有一句怨言，淡然平和地开始了新的生活。

老太太还说，自己能够安于平淡的生活得益于童年受到的教育。小时候，父亲非常慈爱，从来不会对她瞪眼睛，还常常给她讲故事。母亲对她更是疼爱有加，与父亲也十分恩爱，对爷爷奶奶更是非常孝敬。父母都勤劳善良、热情诚恳，家庭和睦、欢乐温馨，这美好幸福的童年、良好的家庭氛围也影响了她的婚姻，她像所有母亲一样爱着自己的孩子，像所有爱丈夫的妻子一样爱着自己的爱人。一代代人就这样在平淡的生活中承载着美德，这种平淡的生活其实就是芸芸众生所追求的。

老太太感慨地说："平平淡淡才是真。几十年的婚姻生活使我学会了看淡生活中的一切，学会了知足常乐。精神上的知足需要自己去调节，物质上的知足是家庭幸福的前提。金钱买不到快乐、青春、健康与经验，而这些才是人生最宝贵的，我从不苛求爱人物质上的丰厚、官位上的腾达，只要努力了就是我心中的好男人。对儿子也一样，只要付出了，取得什么样的成绩我都接受。我一直追求平淡的生活，让自己的心归于宁静，我喜欢平淡的生活。”

时间容易让人淡忘，在大家都忙于工作、忙于家庭时，当年的热情早已消失殆尽，昔日的友情依然纯洁，当年的面孔依然亮丽，只是这些青春的影子都已经留在了心底，美好的回忆都留在了心间。相聚时的感动与激动是短暂的，过后依然是平淡的生活。

平淡者不会拘泥于人言是非，平淡者不会沉迷功名利禄，平淡者能一时脱离尘世的喧嚣，不会为名利钱财所诱惑，不会为悲欢荣辱而遮蔽了双眼，不会为权势所羁绊，不会为物欲所拖累，以一颗平常心直面人生，追求自己的事业，追求人格的独立和自由。

无论我们是什么样的人，都要在生活中找到自己的准确定位。珍视生命，爱惜生命，热爱生命。无论艳阳高照，还是狂风骤雨，都让我们在从容淡定中坦然面对，过好生命中的每一天！

## 三、感恩心：淡定的人生不抱怨

知足常乐，可以说是一个人减少情绪负担的灵丹妙药，它可以化解你心中的烦闷，驱散你眼前的愁云，赶走你头脑中的愤慨，清除你身上的积怨。无论什么样的困境你都能以一种良好的心境和感恩的情怀来对待，还有什么能让你不可释怀的呢?

## 1. 心存感激是一种人性光辉

**感谢上苍我所拥有的，感谢上苍我所没有的。**

抱怨自己的人，应该试着学会变得淡定；抱怨别人的人，应该试着把抱怨转成请求；抱怨上帝的人，请试着用祈祷的方式诉求你的愿望。

当我们孤独的时候，一个人可以静静地想很多，静静的回忆从前发生的事，静静地幻想，计划着明天的事情，心中却多了一份惆怅，患得患失中总有隐隐的一丝不愉快在心中。然而不论如何，当我们静下心细细想来时，应该心存感激，感激生活对我们的厚爱。无须捕鱼耕种，却能品尝到美味佳肴；无须采桑织布，却能享受到锦衣华服，这难道不值得感恩吗。

心存感激，是一种明朗的心境，一种人性的光辉。多一份感激，就少一分贪婪与抱怨；多一份感激，就少一份苛刻与冷漠。更重要的是，有了这种淡然的心境，就会增加许多快乐。

感恩节期间，一位先生垂头丧气地到教堂，他对牧师诉苦："都说感恩节要对上帝献上自己的感谢之心，如今我一无所有，甚至一份工作都找不到。我没什么可感谢的了！"

牧师问他："你真的一无所有吗？上帝是仁慈的，神依然爱你。这样吧，我给你一张纸，一枝笔，你把我问你答的记录下来，好吗？”

牧师问他：“你有太太吗？”

他回答：“我有太太，她不因我的困苦而离开我，她还爱着我。相比之下，我的愧疚也更深了。”

牧师问他：“你有孩子吗？”

他回答：“我有孩子，有5位可爱的孩子，虽然我不能让他们吃最好的，受最好的教育，但孩子们很争气。”

牧师问他：“你胃口好吗？”

他回答：“呵，我的胃口好极了，由于没什么钱，我不能最大限度地满足我的胃口，常常只吃7成饱。”

牧师问他：“你睡眠好吗？”

他回答：“睡眠？呵呵，我的睡眠棒极了，一碰到枕头就睡熟了。”

牧师问他：“你有朋友吗？”

他回答：“我有朋友，因为我失业了，他们不时地给予我帮助！而我无法回报他们。”

牧师问他：“你视力好吗？”

他忽然沉默了很久，然后大笑。他兴奋地对牧师叫道：“我还有很多，我应该感谢，对！我应该感谢，感谢上帝啊……”一边说他一边往外走。

后来他带着感恩的心，精神也振奋不少，并找到了一份很好的工作。

一个人无论过的怎样，只要心里懂得感恩，他就能在困境中发现美好和温暖。当你觉得这个世界是如此不公平，让你内心纠结时，像牧师那样问问自己：“你有亲人吗？你有朋友吗？你有健康的身体吗？”生活中充满了太多值得我们感恩的东西，不要总是像这个人一样抱怨生活，抱着感恩的态度，你能活得更加积极和快乐。

人生，有时需要一些起伏才显得更加有意义，才更懂得如何去珍惜并努力争取。平静的海面固然很美，但柔风吹拂的海面也不失为一种美丽，而且平静有时也显得不够活力，波动也不代表糟糕。相信生活是美好和富有希望的，人生是精彩而美丽的，当我们用一种热爱生活的态度去面对生活，就会发现现实并不像想象中那么恐怖和不公平，就像那墨色的夜幕虽然显得有些可怕，但它也是常有群星的点缀而显得迷人。

内心强大的人总是积极看待一切，怀着感恩的心态去做事，即使生活中偶尔有那么一点点不顺利，他们也不会为此而抱怨或放弃目标，相信风雨过后会有美丽的彩虹。怀有感恩之心，我们就要善于发现生活中那些令人感动的人和事：

（1）感谢所有曾经有助于有益自己的人。

感谢生我们的父母，感谢呕心沥血、精心培养教育我们的师长，感谢同我们休戚相共、相濡以沫的伴侣，感谢给我们带来无穷快乐和无限希望的孩子。

（2）感谢一切带给我们愉悦的美好事物。

感谢春天里姹紫嫣红；感谢秋天里的硕果累累；感谢冬天里的每一缕阳光；感谢夏日里的每一阵清风。看庭前花开花落，观天上云卷云舒，我们应该感谢；听风声雨声、鸟啼蝉鸣，我们也应感谢。

（3）感谢曾经为难甚至伤害过我们的人。

有一首诗这样写道："感激伤害过你的人，因为他磨练了你的心态；感激绊倒过你的人，因为他强化了你的双腿；感激欺骗你的人，因为他增进了你的智慧；感激蔑视你的人，因为他觉醒了你的自尊。"

总之，既然活在这个世上，为什么不心存感激呢？用友善的眼光看待身边的一切，并用合作的心态与人交往，你会赢得更多赞赏的眼光，因为这种人性光辉足以照耀四方。

## 2. 境遇再悲惨也不抱怨生活

**我们所面临的生活境况无论是好还是不好，都已是摆在我们面前的事实了，而且它的发生和存在自有它本身不能左右的原因，而对此最理智的态度就是承认，过好自己的每一天。**

抱怨是人类紧张的最普遍来源，没有人能够例外。即使抱怨的程度还没有造成明显的压力和紧张，其过程也不时会微妙地影响我们的想法和行为。可以毫不夸张地说，抱怨是人与人之间产生消极作用的根源，它常常和压抑、刺激以及消极的感情状态联系在一起。

今天，抱怨早已渗透于现代社会生活的方方面面，我们或许并没有“抱怨基因”，但是人类的确具有抱怨的习性。通过和拥有不同生活经历的人接触，我发现实际上每个人都有自己极为不满的抱怨经历。他们的故事涉及对往事的回忆、人际关系以及与老板或邻里的冲突等。

在纽约附近有一个小镇，镇上有一位名叫吉姆的男孩，他十分可爱，是一位真正的男子汉，一个真正意志坚强的人。他是个天生顶尖的运动好手。不过在他刚入中学不久腿就瘸了，并迅速恶化为癌症。医生告诉他必须动手术，他的一条腿便被切掉了。出院后，他拄着拐杖返回学校，高兴地告诉朋友们，说他将会安上一条木头做的腿：“到时候，我便可以用图钉将袜子钉在腿上，你们谁都做不到。”

足球赛季一开始，吉姆立刻回去找教练，问他是否可以当球队的管理员。在练球的几星期中，他每天都准时到球场，并带着教练训练攻守的沙盘模型。他的勇气和毅力迅即感染了全体队员。有一天下午，他没来参加训练，教练非常着急。后来才知道他又进医院做检查了，并得知吉姆的病情已恶化为肺癌。

当时，医生说：“吉姆只能活六周了。”吉姆的父母决定不将此事告诉他。他们希望在吉姆生命最后的时期，能尽量让他正常过日子。所以，吉姆又回到球场上，带着满脸笑容来看其他队员练球，给其他队员加油鼓劲。因为他的鼓励，球队在整个赛季中保持了全胜的纪录。为庆祝胜利，他们决定举行庆功宴，准备送一个全体球员签名的足球给吉姆。但是餐会并不圆满，吉姆因身体太虚弱没能来参加。

几周后，吉姆又回来了。他这次是来看足球赛的。他脸色十分苍白，除此之外，仍是满脸笑容，和朋友们有说有笑。比赛结束后，他到教练的办公室，整个足球队的队员都在那里。教练还轻声责问他：“怎么没有来参加餐会？”“教练，你不知道我正在节食吗？”他的笑容掩盖了脸上的苍白。

其中一位队员拿出要送他的胜利足球，说道：“吉姆，都是因为你，我们才能获胜。”吉姆含着眼泪，轻声道谢。教练、吉姆和其他队员谈到下个赛季的计划，然后大家互相道别。吉姆走到门口，以坚定冷静的目光回头看着教练说：“再见，教练！”“你意思是说，我们明天见，对不对？”教练问。吉姆的眼睛亮了起来，坚定的目光化为一种微笑。“别替我担心，我没事！”说完话，他便离开了。

两天后，吉姆离开了人世。原来吉姆早就知道他的死期，但他却能坦然接受。

吉姆是一个意志坚强、积极面对生活的人，他将悲惨的事实转化为富有创意的生活体验。或许，有人会说，不管他有多乐观，他最还是死了，积极思想最终也没能帮他多少忙，这并不完全对。因为，吉姆至少知道凭借信仰的力量，在最坏的环境中创造出令人振奋的瞬间。

他不像鸵鸟般将头埋进沙堆，逃避事实。他完全接受了命运，但决定不让自己被病痛击倒，他从未被击倒过。虽然他的生命如此短暂，他仍把握它，把勇气、信仰与欢笑永远留在他所认识的人们心中。一个能做到这一点的人，你还能说他的一生失败了吗？

卡缪在《异乡人》里写道：“仰望灰暗的天空，闪烁着星座与星辰，头一回，我的心向宇宙善意的冷漠敞开。”很多人都是习惯去注意伤害而喊“痛”。你如果大声喊“痛”，伤害就会出现；如果抱怨，就会遇上更多想要抱怨的事，这是行动上的“吸引力法则”。当你历经这些阶段，当你扬弃抱怨，当你不再去注意伤害而喊“痛”时，你的人生就会像美丽的春花般绽放。

## 3. 忧虑是长寿的克星

**今天太宝贵，不应该为酸苦的忧虑和辛涩的悔恨所消蚀。把下巴抬高，使思想焕发出光彩，像春阳下跳跃的山泉。抓住今天，它不再回来。**

人生中难免会遇到麻烦，产生忧虑。我们可以用双手去处理烦人的日常工作，但不要让它们影响到肝、肺以及血液，这对健康没有任何益处。

在全美工业界医师协会的年会上，梅育诊所的哈罗•海彬博士选读过一篇论文，他研究了176位平均年龄在44.3岁的工商业负责人，大约有三分之一的人由于生活过度紧张而引起心脏病或消化系统溃疡，或是高血压。想想看，这是一个多么庞大的人群，成功的代价是多么高！

即便能够赢得全世界，却损失了自己的健康，值得吗？一个人无论有多么高的地位，有多么庞大的资产，每晚也只能睡在一张床上，每天也只能吃三顿饭。即便是一个挖水沟的人，也能做到这一点，而且还可能比一个有权力的公司负责人睡得更安稳，吃得更香。

著名的梅育兄弟宣布，他们有一半以上的病人患有“神经官能症”。可是，在显微镜下，以现代化的方法检查他们的神经时，却发现大部分是健康的。他们“神经上的毛病”不是因为神经本身有什么反常，而是因为情绪上的悲观、烦躁、焦急、忧虑、恐惧、挫败、颓废等。一个好的医生不仅会治疗身体的疾患，还要会疏导人的精神，因为人的精神和肉体是一个整体，是不可分开处置的。

你爱生命吗？你想健康、长寿吗？如何才能实现这一目标呢？亚力西斯•柯瑞尔博士曾说过这样一句话：“在现代城市的混乱中，只有能保持内心平静的人才不会变成神经病。”

你能否在现代城市的混乱中保持自己内心的平静呢？如果你是个正常人，答案应该是：“绝对可以”。实际上，大多数人实际上都比头脑中的自己更坚强，只是我们从来没有发现强大的内在力量，正如梭罗在他的不朽名著《狱卒》中所说的：“我不知道有什么会比一个人能下定决心提高他的生活能力更令人振奋的了。如果一个人，能充满信心地朝他理想的方向努力，下定决心过他所想过的生活，他就一定会得到意外的成功。”

## 淡定的人生不纠结

相信很多读者都会有像欧嘉•佳薇的那种意志力和内在的力量。

她住在爱达荷州，在最悲惨的情况下发现自己还能够克服忧虑。“八年半前，医生宣告我将不久于人世，会很慢、很痛苦地死于癌症。国内最有名的医生梅育兄弟证实了这个诊断。我走投无路，死亡就要扑向我。我还年轻，我不想死。

“绝望之余，我给我的医生打电话告诉他我内心的绝望。他有些不耐烦地拦住我说：‘欧嘉，你怎么了？难道你一点斗志也没有了吗？你要是一直这样哭下去的话，毫无疑问，你一定会死的。不错，你确实是碰上了最坏的情况。要面对现实，不要忧虑，然后再想点办法。’就在那一刹那，我发了一个誓，我的态度严肃得指甲都深深地掐进肉里，而且背上一阵发冷：我不会再忧虑了，我不会再哭泣了。如果还有什么需要我常常想起的，那就是我一定要赢，我一定要活下去！

“在不能用镭照射的情况下，每天只能用x光照射十分半钟，连续照13天。但医生每天为我照14分半钟，连续照了49天。虽然我的骨头在我削瘦的身体上犹如荒山边上的岩石，虽然我的两脚重得像铅块。我却不忧虑，也没哭过一次。我面带微笑，不错，我的确是勉强自己微笑。

“我不会傻到以为只要微笑就能治疗癌症。但我确信，愉快的精神状态将有助于抵抗身体的疾病。总之，我经历了一次治愈癌症的奇迹。在过去过几年里，我从未像现在这会健康过，这都多亏了这句富于挑战性和战斗性的话：面对现实。不要忧虑，然后再想点办法。”

再没有什么会比忧虑使一个人老得更快，进而摧毁他的容貌、斗志。忧虑会使我们的表情难看，会使我们咬紧牙关，会使我们愁眉苦脸，会使我们头发灰白，有时甚至会让头发脱落。柯瑞尔博士说过：不知怎么抗拒忧虑的人，都会短命而死。

## 4. 放弃小事，才能留住快乐

**不必为生活中的琐事烦恼，放弃抱怨，感谢我们每天都能迎接朝阳，还有比这更开心的事情吗？**

普希金在一首诗中写道："一切都是暂时的，一切都会消逝；让失去的变为可爱。"有时，失去不一定是忧伤，反而会成为一种美丽；失去不一定是损失，反倒是一种奉献。只要我们抱着积极乐观的心态，失去也会变得可爱。

根据多年的经验，我发现许多人纠缠于琐碎的小事，不能从摩擦和冲突中走出来，结果耗费了宝贵的时光，做了许多毫无意义的事情。根本原因在于，他们与人交往中斤斤计较，处理事情的时候拖泥带水，结果在空耗精力的过程中与沮丧为伍，活得并不开心。

1898年冬天，威尔·罗吉士继承了一个牧场。

有一天，他养的一头牛为了偷吃玉米而冲破附近一户农家的篱笆，最后被农夫杀死。依照当地牧场的共同约定，农夫应该通知罗吉士并说明原因，但是农夫没有这样做。

罗吉士知道这件事后，非常生气，于是带着佣人一起去找农夫问个明白。此时，正值寒流来袭，他们走到一半，人与马车全都挂满了冰霜，两人也几乎要冻僵了。

好不容易抵达木屋，农夫却不在家，农夫的妻子热情地邀请他们进屋等待。罗吉士进屋取暖时，看见妇人十分消瘦憔悴，而且桌椅后面还躲着五个像猴子一样瘦的孩子。

不久，农夫回来了，妻子告诉他："他们可是顶着狂风严寒而来的。"

罗吉士本想开口与农夫争论，忽然打住了，只是伸出了手。

此时的农夫完全不知道罗吉士的来意，开心地与他握手、拥抱，并热情地邀请他们共进晚餐。

这时，农夫满脸歉意地说："不好意思，委屈你们吃这些豆子，原本有牛肉可以吃的，但是忽然刮起了大风，还没准备好。"

孩子们听见有牛肉可以吃，高兴得眼睛都发亮了。

吃饭时，佣人一直等着罗吉士开口谈正事，以便处理杀牛的事，但是，罗吉士看起来似乎忘记了，只见他与这家人开心地有说有笑。

饭后，天气仍然很差，农夫一定要两个人住下，第二天再回去。于是，罗吉士与佣人在那里过了一晚。

第二天早上，他们吃了一顿丰盛的早餐后，就告辞回去了。

在寒流中走了这么一趟，罗吉士对此行的目的却闭口不提。在回家的路上，佣人忍不住问他："我以为，你准备去为那头牛讨个公道呢！"

罗吉士微笑着说："是啊，我本来是抱着这个念头的。但是，后来我又盘算了一下，决定不再追究了。你知道吗？我并没有白白失去一头牛啊，因为我得到了一点人情味。毕竟，牛在任何时候都可以获得，然而人情味，却并不是很容易得到的。"

这就像是我们的生活，大多数人都在追求物质上的满足，表现在言行上便是为了小事斤斤计较，而当物质需要得到满足的时候，我们的心是否真的就充实了呢？人与物之间是无从比较的，真正的无价必定表现与无形，就像大师的雕刻作品，它的价值是创造者对作品付出的情感与附在作品身上的生命感悟。

从钻出母体的那一刻起，我们便开始了对“快乐”的不懈追求。然而当苏格拉底不知趣地问人们：“‘快乐’是什么？快乐又从何而来?”时，我们便犹豫了。人生旅途上的长期跋涉，种种“微小”的磕磕碰碰，“累”得我们已无暇去思索这些原以为已很明了的问题。

所以，让我们来正视这么一个现实吧：各种各样的“小事”已让我们活得太累。我们永不止息的对“快乐”的追求已迫不急待地要对“小事”作出“最后的审判”。

我们念叨着“小事”，其实对此却仍是一知半解；我们习惯了原有的生活，因而对此的判断已不犀利。当我们听说牛顿因见“苹果落地”而触发了对“万有引力”的发现时，他要我们首先确定一个目标，又或者说是自己生命的终极追求。之后要我们具备充足的知识，丰富的思考，因为所谓灵感的触发，正是不断的思考与藐视“小事”的“小事”碰撞的结果。

当我们对“别里科夫”发出阵阵快意的嘲笑时，我们深深明白了“小事”的存在形式与本质。它使人们变得狭隘、暴躁、缺乏勇气与活力。

放弃“小事”，我们需要勇气和眼光以及宽广的胸怀，这一切皆源自于对社会和生命的尊重与关怀。由此我们得到奋进的原动力和勇气，并在此过程中，而获得无以伦比的“生命体验”。

就让我们关注一下人生的终极追求吧!让它贯穿我们生活的时空。如此一来，就容易获得宽容的胸襟，奋进的勇气。生命不再因“小事”而累，烦恼不再成为生活的敌人；人生不再渺小无谓，充实而丰富中，我们体验到了活着的快感。

## 5. 心怀不满的人最可悲

**活着开心最重要，即使遇到不满意的人和事，也不必悲伤。因为，内心的不满不但扰乱了心绪，也会让整个人生暗淡无光。**

情绪或者心情会决定一个人的行为，因为人是一种感情动物，会随着周围环境的改变和自身生理状况的改变而产生一定的情绪，或喜或悲，或洒脱或忧伤。

我们身边到处都是抱怨生活的人，他们对这个不满意，对那个看不上眼，总是寻觅自己最理想的目标，却一无所获。殊不知，抱怨让他们失去了理性的思维和判断，结果他们找不到合适的位置安放自己的心，到头来什么也干不好。人总有情绪低落的时候，也许是因为一个人，也许是因为一件事，而情绪的低落，既会影响生活，也会影响日常的工作学习。

有一位专家对监狱里的20万名成年人做过一项调查，结果出乎他的意料：这些男女犯人之所以沦落到监狱中，有百分之九十是因为失去必要的自我控制力，把有效的精力用在了消极方面，从而导致了犯罪。通过这项调查，专家得出结论，如果要做一个极为“平衡”的人，那么你身上的热忱和自制力必须相互平衡。

为了进一步证实他的调查结论，说明自制的重要性，他来到了一家大型超市，看到在这家超市受理顾客提出抱怨的柜台前，很多顾客排着长长的队伍，争着向柜台后的那位年轻女郎诉说他们的种种不满和要求。在这些投诉的顾客中，有的人十分愤怒，而且有些无理取闹的意味，更有甚者讲出了让人难以接受的话。

尽管如此，接待这些愤怒而不满的顾客的年轻小姐，却丝毫没有表现出任何不满的情绪，相反，她的脸上始终带着会意的微笑，指导这些顾客前往合适的部门。看到年轻女郎优雅而镇静的态度，这位专家对她的自制修养大为惊讶。

专家站在那里观看者那群带着情绪排成长队的顾客，发现柜台后面那位年轻女郎脸上亲切的微笑就像温暖的阳光，对这些愤怒的顾客们产生了良好的缓和作用。当顾客来到她的面前时，个个都带着满肚子的怒气，像个咆哮的野狼，而当他们离开时，一点脾气都没有了，个个像个温顺的绵羊。

同时，专家也发现了一个细节：有的顾客离开时，脸上甚至露出羞怯的神情，微微低下了头，因为这位女郎的镇静已经使他们对自己的过分行为感到惭愧。

做人必须懂得如何控制自己的不良情绪，否则，一切美好的事情都会因你的情绪失控而毁掉。做事更需要克制内心的不满，学会建立成熟、稳重的个性心理，从而积极应对外界的挑战。

当你感觉自己受到不满情绪的困扰时，不妨照着下面的方法去做，也许对你会有所帮助。

（1）转移注意力。

当人的情绪处于低潮时，对任何事情都提不起兴趣。总是想着那些伤心的事情。所以，要想摆脱这种情绪，首先应该让自己不要总是去想这些问题，转移注意力。有时候，一些事情是人们无法改变的。既然已经成为事实，不要总想着如何再让它变为虚无，尝试着去接受，去面对现实。一个人不可能改变全世界，事物不会因你而改变。我们所能做的，就是适应这个世界。

（2）学会宽容。

宽容是一种美德，是对犯错误的人的救赎，也是对自己心灵的升华。不要总是想着对方如何得罪了你，给你造成了多大的伤害或损失。给对方机会，就是给自己机会，对于一些人，原谅远远要比惩罚来得有效。

（3）正确面对自己的选择。

有时候对于同一件事情，因时间的改变会有所不同，当时对你来说是很痛苦的一件事，过一段时间之后，你也许会有另一番感受。尝试从不同的角度看问题，你也许会发现，痛苦并不像你想象的那样真实。

（4）学会自我排解。

人总会有心情低落的时候，不管是因为爱情，还是因为友情，或是其他的因素，让你痛苦，让你找不到人生的乐趣。首先，不要放弃对美好事物的渴望和追求，有希望才会有动力；其次，如果你真心想摆脱目前的困境，要敢于面对困难，一味逃避，只会让自己的痛苦之路更加漫长。

总之，人生的不如意谁也不能避免，但是只要你是一个勇敢的人，一个能善待自己和他人的人，一个对生活充满信心的人，一个能在逆境中奋起的人。那么，你的眼前将会是一片灿烂的天空，而你会收获一个美好的心情。

## 6. 以德报怨，路越走越宽

**与其抱怨这个世界对你的种种不公，不如心怀感念，以平和的心态去应对。有了这份情怀，整个人生道路也会变得宽广起来。**

一个人或许能够容忍他人的傲慢自大固执己见，却很难容忍别人对自己的侮辱和伤害。我们都有这样的心理：如果向他人付出了爱，便也希望能够得到他人爱的回报。很少有人能够试着去理解和帮助伤害过自己的人，化怨恨为友爱。而只有以德报怨，多给他人一次机会，才能够冰释前嫌，让世界少一些仇恨，多一份宽容，少一些不幸，多一些祥和。

以德报怨需要人们具有一颗仁爱之心。没有爱，何来德？如果让伤害不再重演，那最好的做法就是以德报怨，爱是我们共同的语言，用来化解仇恨。

《悲惨世界》是这样开篇的。

三个警察押着一个男人。

米里艾主教大步迎上前去，微笑着对警察说："他是这么说的吧？那是留我住宿的一个老神父送给我的。他说的全是真话。"

他转向冉阿让，温和地说："又见到您，我真高兴。但是，银灶台不也送给您了吗？您为什么不把它也带走呢？"

冉阿让浑身发抖起来，好像快要昏倒似的。主教说："再见吧，我祝福您。请记住，这一家的门，不管早晚，不管什么时候都是开着的。”

他洗净了他的灵魂，把它献在了主的面前。

此时，我由衷的佩服主教米里艾的智慧、博爱。面对他收留过夜却偷走了银质餐具的冉阿让，他毫不犹豫的选择了以德报怨，并宽容的表示银灶台也要送给他。

寥寥数句真诚而自然，没有丝毫的做作，却勾勒出他伟大的人格魅力，拯救了冉阿让迷失的灵魂。而这，要比鞭打、酷刑容易得多，也有效得多，何乐而不为呢？

根据《生活》杂志的一篇文章，报复心是这样伤害人的：损害人体健康，比如说高血压病。高血压患者的主要特征就是愤怒，经常性的愤怒，高血压和心脏病自然就来了。

耶稣说“爱你的仇人”。现在你应该知道为什么了，这不仅是出于道德上的规诫，也是宣扬一种医学原理。

曾有一朋友心脏病突发住院，医生告诫他躺在床上不要动气，无论发生什么事都不要。稍有医学常识的人都知道，心脏不好的人发脾气会让病情更糟糕，甚至有可能送命。华盛顿州的史泼坎城一家饭馆老板就因生气过度而猝死：68岁的威廉•传坎伯是一家小餐馆的老板，因不满于厨师用茶碟喝咖啡，抓起一把左轮枪就去追人家，结果心脏病突然发作就倒地死了，手里还拽着那把枪。验尸官的检查报告是这样说的：“因愤怒引起心脏病发作死亡。”

如果仇敌知道怨恨让我们身心疲惫，让我们紧张不安，让我们的外表不再美丽，让我们得心脏病甚至毙命，肯定会拍手称快的。

即使我们无法爱我们的仇敌，至少我们应该爱自己，不能让仇敌控制我们的快乐、健康和外表。正如莎士比亚所说：“不要因你的敌人而燃起一把怒火，最终却烧伤了你自己。”

有智者说：“用恶行来制止恶行，终归还是恶行。你受到了别人的伤害，不要对伤害你的人再做出恶行，而要用你的厚德来使他敬服。”

人生如四季，有雪亦有雨，前面的道路并非一帆风顺，而一个人要生活下去，必然要与社会建立联系，自然人与人之间难免会有摩擦、有怨恨。如果我们不假思索地用“以眼还眼，以牙还牙”的方式去解决冲突，只会使我们少一个朋友，而多一个敌人。反之，如果我们能够换一种眼光看问题，无论是竞争对手，还是曾与我们有摩擦的人，试着站在他们的立场上看问题，这往往能使我们看清造成矛盾的根本原因，从而改进自己的不足之处，甚至可以避免他人的恶意挑拨，让我们学会思考，渐渐成熟。

“奔流到海不复回”是水的最终归宿，但从起点到终点的过程却历尽艰难险阻，高山企图将它拦腰折断，但水并不因此怨恨高山，反而一次又一次冲刷山石，磨砺出光滑圆润的鹅卵石，还有奇特万象的溶洞，美化高山，供人观赏。水且如此，人又如何？学会感恩，学会以德报怨，他人的伤害更能让我们懂得珍惜，使自己今后的道路越走越宽。

## 7. 尝试一下换位思考

**凡是能站在别人的角度为他人着想，这个就是慈悲。**

真理的身上布满伤痕。换位思考是人类经过长期博弈，付出惨重代价后总结出的黄金法则。没有人是一座孤岛，社会是一个利益共同体。我们不能用自己的左手去伤右手，因为大家是同一棵树上的叶和果。克鲁泡特金在《互助论》中证明：只有互助性强的生物群才能生存。对人类而言，换位思考是互助的前提。

圣诞节前夜，一位商人在地铁出口看见一个衣衫褴褛的人站在路旁，面前放着一个装了几个硬币的盒子，旁边凌乱地插着一些铅笔。

商人放了几个硬币在盒子里就匆匆往前赶。走了一会，他觉得有些不妥，就转身折回来。他问了问铅笔的售价，拿了几支，并向对方道歉，解释说自己忘记拿了，希望他不要介意。

几年后的再次相遇，这个衣衫褴褛的人成了很富有的商人，他握住商人的手动情地说："您可能不记得我了，我也不知道您的名字，但是，您是我永远也忘不了的人。是您，重新给了我自尊！自从我的生意倒闭以后，我一蹶不振。看上去我是在卖铅笔，可人们都把我当成乞丐来施舍，因此我自己也认为我是一个乞丐！那天，我麻木地看着您丢下硬币，可是没想到您又跑回来了，您的言行告诉我，我不是一个乞丐，而是一名商人！谢谢您让我重新站起来！"

这个故事很令人感慨，它让我们明白一个道理：没有人希望被当做乞丐对待。当你开口说话之前，先问问自己：当我犯了过错的时候，我希望别人批评我吗？不希望！我希望得到原谅；当我做的不好的时候，我希望别人嘲笑我吗？不希望！我希望得到鼓励；当我遇到挫折时，我希望别人幸灾乐祸吗？不希望！我希望得到帮助；当我情绪低落时，我希望别人冷落我吗？不希望！我希望得到安慰。因此，当你自己也处在类似的情景时，就做他希望你做的事，真正做到换位思考。

你有没有这种经历？在你心情很好的时候碰到一个家伙，这个家伙上来就说天气有多么糟糕，他的生活多么黯然无光，这个时候，你的大脑会随着他的语言思考，结果，你脑中的画面是一幅幅不愉快的景象，你的心情也会因此而变得莫名压抑。下一次同样的情景，你会尽量避开与这个家伙交流。之所以有些人喜欢抱怨，往往来自于内心的恐惧。你害怕别人知道做事不利的根源，在于你自己本身；你害怕面对事情，你害怕面对问题本身，你害怕和别人有意义的交流。因此，在这种情况下，我们要试着和别人换位思考，避免抱怨情绪的恶性循环。

有一个人搭乘火车，上车后坐在一个靠窗的位置上。火车刚刚缓缓开动，他失手将鞋盒打翻有一只竟掉到了车窗外。有人说，你快跳下去捡鞋子吧。可他非但没有跳下去捡鞋子，反而把另外一只鞋子也扔了下去。

人们议论纷纷，都说他太笨了。而他只是以一种淡然平静的口吻说：在你们看来，我或许真是很笨。但是跳下去捡鞋子有两种可能，一种是我安然无恙，鞋子也捡回来了，但火车却开走了，使我耽误了行程；另外一种就是在我跳下去的瞬间，我摔断了腿，或者成为了轮下之鬼。而我把鞋子扔下去，别人捡到的就是一双鞋子。而如果只抢到了一只，那也只能是一只无用的鞋子。

生活中很多事情是很复杂的，充满了矛盾。为了消除人际间的不和谐因素，减少彼此间的矛盾，我们就应该学会“扔鞋”，懂得换位思考。学会换位思考，就能使自己变得智慧和理智，就会减少矛盾冲突与盲动；学会换位思考，就会使自己善解人意，与人为善；学会换位思考，就会使自己心胸宽广，包容一切让人羡慕；就像高山一样，容纳风雨而被人仰止。而不懂得换位思考，就会以自我为轴心，凡事以“我”为出发点而忽略或不顾他人的感受，做出损害他人，事实上却是损害自我的事情。

人与人之间需要换位思考。现实生活中，大部分人总是希望得到别人的尊重、支持和理解，夫妻之间、恋人之间、朋友之间、同事之间、人与人之间都需要换位思考。很多时候，冲动的话语，就像利剑，直刺人的心脏；冲动的话语，比真枪实弹可怕得多，因为我们无法想象它究竟有多大的破坏力。与人交往需要坦诚相待，更需要我们将心比心，因为只有善于站在对方角度思考问题，才会给予对方尊重，并赢得对方的认同。

## 8. 不忘父母养育之恩

**上帝创造了万物，父母养育了孩子，每个人都应该感念他们的恩德。**

人应该有感恩之心，感激之情。一个人任何时候都不能忘记父母的养育之恩，并懂得关爱他们，给予他们物质、精神上的回报，这不但是为人之道，同时也是处世的大学问。

恩，莫大于父母养育之恩。每个人的生命都来自父母，应该感谢父母给自己生命，让自己来到人世间品尝喜怒哀乐，经历人间的悲欢离合，享受人生的乐趣。

一个年轻人毕业于某名牌大学，到当地一家大公司面试。

经理审视着他的脸，出乎意料地说："你替父母洗过澡擦过身吗？"

“从来没有过。”年轻人很老实地答道。

“那么，你替父母捶过背吗？”

年轻人想了想，说：“有过，那是我在读小学的时候，那时母亲还给了我10块钱。”

在接下来的交谈中，经理只是安慰他别灰心，会有希望的。年轻人临走时，经理突然对他说：“明天这个时候，请你再来一次。不过有一个条件，刚才你说从来没有替父母擦过身，明天来这里之前，希望你一定要为父母擦一次，能做到吗？”这是经理的吩咐，年轻人一口答应了。

事实上，年轻人虽然大学毕业，但家境贫寒。他刚出生不久父亲便去世了，从此，母亲做小时工拼命挣钱。孩子渐渐长大，读书成绩优异，考进名牌大学。学费虽令人生畏，但母亲毫无怨言，更加努力工作供他上学。

回到家里，年轻人发现母亲还没有回来。母亲出门在外，脚一定很脏，他决定替母亲洗脚。母亲回来后，见儿子要替她洗脚，感到很奇怪。于是，年轻人将自己必须替母亲洗脚的原委说了一遍。

听到这里，母亲便按儿子的吩咐坐下，等儿子端来水，把脚伸进水盆里。年轻人右手拿着毛巾，左手去握母亲的脚，他这才感到母亲的双脚已经像木棒一样僵硬，他不由得抱着母亲的脚潸然泪下。读书时，他心安理得地花母亲如期送来的学费和零花钱，现在他才知道，那些钱是母亲用血汗换来的。

第二天，年轻人如约去那家公司，对经理说：“现在我才知道母亲为我受了很多的苦，您使我明白了在学校里没有学过的道理。如果不是您，我还从来没有握过母亲的脚。我只有母亲一个亲人，我要照顾好母亲，再不能让她受苦了。”

这时，经理高兴地点了点头，说：“明天你到公司上班吧！”

## 淡定的人生不纠结

一个年轻人想要理解社会和人生，第一个要学会的就是理解父母养育自己的艰辛，懂得那份辛劳背后的付出和期待，如此才能更加珍惜生命，热爱生活，努力勤奋的工作，来报答父母的养育之恩。

在我们的一生中，父母的关心和爱护是最博大最无私的，父母的养育之恩是永远也诉说不完的：吮着母亲的乳汁离开襁褓；揪着父母的心迈出了人生的第一步；在甜甜的儿歌声中酣然入睡；在无微不至的关怀中茁壮成长；父母为我们生病熬过多少个不眠之夜；父母为我们读书升学费去多少心血……对这种比天高，比地厚的恩情，我们又能体会到多少呢？我们又报答了多少呢？

家庭是一个人一生中最重要的课堂，父母是这个课堂中从始至终的老师。我们在这个课堂中咿呀学语，用稚嫩的声音喊出第一声“妈”，用站不稳的小脚迈出人生的第一步。从此，我们便在父母爱的教育下一天天长大，是父母的爱给了我们力量和勇气，父母的爱是每个人一生中所经历的最伟大、最无私的爱。

无论我们以前做过什么，只要现在给自己静静的一天，想想父母为我们付出的点点滴滴，想想我们明天的责任。让我们牢牢记住父母的养育之恩，多多关心、体贴他们，这需要我们放下头脑中我行我素、理所当然等错误观念，一旦理解了父母，并给予他们回馈，那么幸福自然会降临。

## 9. 为你的仇人祈祷

**与其痛恨仇人，让自己陷入烦躁的情境中，不如冷静面对，甚至为仇人祈祷。当你送上祝愿的时候，其实也让心灵沉静下来，受益的是你自己。**

当我们恨我们的仇人时，就等于给了他们致胜的力量。那力量能够防碍我们的睡眠、我们的胃口、我们的血压、我们的健康和我们的快乐。如果我们的仇人知道他们如何令我们担心，令我们苦恼，令我们一心报复的话，他们一定会高兴得跳起舞来。实际上，我们心中的恨意完全不能伤害到他们，却使我们的生活变得像地狱一般。

一个晚上，一位旅行者途经黄石公园，他与其他游客一起坐在露天地，面对茂密的树林，期望看到森林杀手灰熊的出现。因为灰熊会到森林旅馆丢弃的垃圾堆中寻找食物。一位森林管理员骑着马告诉了他们这群兴奋的游客有关熊的事情。

他告诉他们：在这里，除了水牛和另一种黑熊之外，灰熊几乎可以击倒西方所有的动物。但在那天晚上，这位旅行者却注意到有一只小动物——只有一只——灰熊不但让它从森林里跑了出来，还与它在灯光下共进晚餐。那是一只臭鼬！灰熊很清楚，只需扬起它的巨掌就可以毫不费力地将其一掌打死。但它为什么不那样做呢？因为它从经验里学到那样做得不偿失。

据《生活》杂志说，报复甚至会损害你的健康。“高血压患者的主要特征是容易愤怒。”杂志说，“愤怒不止的话，长期性高血压和心脏病就会随之而来。”现在你该明白耶稣所说的“爱你的仇人”，不只是一种道德教导，而且是在宣扬一种最新医学，正是在教导我们如何养生。

也许我们不能坦然地爱我们的仇人，但为了我们自己的健康和快乐，至少要原谅他们，忘记他们。那才是聪明之举。

如果你想有一个平安快乐的心情，那就记住这条原则：永远不要试图报复仇人，如果我们那样做的话，我们对自己的伤害将会甚于对敌人的伤害，不要把时间浪费在去想那些我们不喜欢的人。如果我们有着与人长久以来结成的恩怨，就果断地去淡化它或去化解它。我们要学习艾森豪威尔将军，不浪费一分钟时间想那些我们不喜欢的人。

# 四、进取心：不气馁就能获取更多正能量

一个人在事业中最怕丧失奋斗的勇气和热情，在生命中最怕放弃了活下去的愿望。无论遇到多大麻烦，遭遇怎样的挫折，只要不气馁就会激发自我正能量，突破眼前的困局。

## 1. 人生没有走不过去的路

**我们的人生，就像在大海里航行的船，只要你不抛锚，不停地去远行，那么你就不会不遭遇风暴，不会永远也不遭受损害而受伤。**

人生就像在下棋。没有人能真正地把握好人生这盘棋，大风大浪让我们始料不及，勾心斗角让我们心力交瘁，零星琐事让我们焦头烂额。

许多事情就是这样，不可能会一帆风顺，到处都有坎坷，弯路让我们走得更长、更苦，也让我们学会珍惜。人生，没有永远的伤痛，再深的痛，伤口总会愈合；人生没有过不去的坎，你不可以坐在坎边等它消失，你只能想办法穿过它；人生，没有永远的爱情，没有结局的感情，总要结束；而不能拥有的人，总会忘记。

于是，我们就在一次又一次的打击中长大，弱者在打击中颓废，强者在打击中越发坚强。让我们向杨柳学习吧，看似柔弱却坚韧无比，狂风吹不断。

在参观悠久造船历史的西班牙港口城市巴塞罗那，有一家著名的造船厂，这个造船厂已经有1000多年的历史。这个造船厂从建厂的那一天开始就立了一个规矩，所有从造船厂出去的船舶都要造一个小模型留在厂里，并把这只船出厂后的命运刻在模型上。厂里有房间专门用来陈列船舶模型。因为历史悠久，所造船舶的数量不断增加，陈列室也逐步扩大，从最初的一间小房子变成了现在造船厂里最宏伟的建筑，里面陈列着将近10万只船舶的模型。

所有走进这个陈列馆的人都会被那些船舶模型所震慑，不是因为船舶模型造型的精致和千姿百态，不是因为感叹造船厂悠久的历史和对于西班牙航海业的卓越贡献，而是被每一个船舶模型上面雕刻的文字所震慑！

有一只名字叫西班牙公主号的船舶模型，上面雕刻着这样的文字：本船共计航海50年，其中11次遭遇冰川，有6次遭海盗抢掠，有9次与另外的船舶相撞，有21次发生故障抛锚搁浅。每一个模型上都是这样的文字，详细记录着该船经历的风风雨雨。在陈列馆最里面的一面墙上，是对上千年来造船厂的所有出厂的船舶的概述：造船厂出厂的近10万只船舶当中，有6000只在大海中沉没，有9000只因为受伤严重不能再进行修复航行，有6万只船舶都遭遇过20次以上的大灾难，没有一只船从下海那一天开始没有过受伤的经历……

现在，这个造船厂的船舶陈列馆，早已经突破了原来的意义，它已经成为西班牙最负盛名的旅游景点，成为西班牙人教育后代获取精神力量的象征。

这正是西班牙人吸取智慧的地方：所有船舶，不论用途是什么，只要到大海里航行，就会受伤，就会遭遇灾难。

如果因为遭遇了磨难而怨天尤人，如果因为遭遇了挫折而自暴自弃，如果因为面临逆境而放弃了追求，如果因为受了伤害就一蹶不振，那你就大错特错了。人生也是这样的，只要你有追求，只要你去做事，就不会一帆风顺。

当面对压力的时候，不要焦躁，也许这只是生活对你的一点小考验。相信自己，一切都能处理好，人生没有过不去的坎，也没有永远的伤痛，没有过不去的事情，只有过不去的心情，而心情完全取决于我们自己。亲爱的朋友，不要让自己太难过，别总是刻意为难自己，我们要学会幸福。

生活中我们不必去乞求，也不可能总是阳光明媚的艳阳天，狂风暴雨随时都可能到来。但只要我们有迎接厄运的勇气和胸怀，在低谷和挫折面前不低头，跌倒了再重新爬起来，将自己重新整理，以勇敢的姿态去迎接命运的挑战，只要我们坚信人生没有过不去的坎，就能迎来人生的辉煌。

## 2. 每一天都是一个新的生命

**如果你能够平平安安的度过一天，那就是一种福气了。多少人在今天已经见不到明天的太阳，多少人在今天已经成了残废，多少人在今天已经失去了自由，多少人在今天已经家破人亡。**

生命就像一条赛道，很多人终其一生都在奔跑。我们要生活在完全独立的今天，对于一个聪明人来说，每一天都是一个新的生命。我认为，人性最可怜的一件事就是，我们往往都会梦想着天边的一座奇妙的玫瑰园，而不去欣赏今天就开放在我们窗口的玫瑰。

我们和时间赛跑，和竞争对手比拼，但是心灵在睡觉时依然紧张不安；我们常常奔波于不同的地方，应对不同的人、不同的事件，这样的生活方式让我们身累心更累。

每个人都忙于生活，却很少有人停下来问自己：我拥有生活吗？一位智者曾经说过：生活，就是生下来，活下去，这就是它的全部意义。如果一味地和生活赛跑，我们就无法拥有真正的生活，无法和幸福相遇。

小小的生命是多么奇怪啊。小孩子说：“等我是个大孩子的时候，如何如何”；可是怎么样呢？大孩子说：“等我长大成人之后，如何如何……”，然而，当他长大成人了，他又说：“等我结婚之后，如何如何”；可是结了婚，又能怎么样呢？他们的想法变成了：“等我退休之后，如何如何”，可是，等到了退休以后，他回过头看看自己所经历的一切，似乎又一阵风吹过来。他把所有的美好的事情都错过去了，而一切又一去不再回头。

我们总是无法及早学会：生命就在生活里，就在我们度过的每一天和每一个时刻里。

全球倍受信赖的心灵导师卡伦•卡西提醒人们，拥有真正的生活，不是在失败的伤痛中自叹自怜，不是在焦躁不安中渴望更体面的工作、更大的房子、更温柔的伴侣，更不是在对过去的悔恨和对未来的恐惧中蹉跎过每一个今天。

在生命的跑道上，摆在我们面前的只有今天和新的自己。现在，让我们带上新的自己上路，体验每一天的惊喜。

住在密西根州沙支那城的薛尔德太太，之前，感到极度颓丧和疲惫，甚至于想自杀。“1937年我丈夫死了，”薛尔德太太把她的过去告诉做心灵导师的卡耐基，“我觉得非常颓丧——而且几乎身无分文。我写信给我以前的老板利奥罗区先生，请他让我回去做我以前的工作。我从前靠推销《世界百科全书》过活。两年前我丈夫生病的时候，我把汽车卖了，现在我又勉强凑足了分期付款的钱，买了一辆旧车，重操旧业，出去卖书。

“我原想，再回去做事或许可以帮我解脱我的颓丧；可是要一个人驾车、一个人吃饭，几乎令我无法忍受。有些区域根本就做不出什么成绩来，虽然分期付款买车的数目不大，却很难付清。

“1938年的春天，我在密苏里州的维沙里市，那儿的学校都很穷，路很不好走，我一个人又孤独又沮丧，所以有一次我甚至想要自杀。我觉得成功是不可能的，活着也没什么希望。每天早上我都很怕起床面对生活。

我什么都怕，怕我交不出分期付款的车钱，怕我交不出房租，怕没有足够的东西吃，怕我的健康情况变坏而没有钱看医生。让我没有自杀的惟一理由是，我担心我的姐姐会因此而觉得很难过，而且她又没有足够的钱来支付我的丧葬费用。

“后来有一天，我读到一篇文章，它使我有勇气继续活下去。我永远感激那篇文章里那一句很令人振奋的话：‘对一个聪明人来说，每一天都是一个新的生命。’我用打字机把这句话打下来，贴在车子前面的挡风玻璃上，让我开车的时候每一分钟都能看见。我学会忘记过去，每天早上我都对自己说：今天又是一个新的生命。”

我们一直在忧虑，忧虑着明天的事该怎么做，忧虑着明天的路该如何走，而忘却了人类得到救赎的日子就是现在。精力的浪费，精神的苦闷，都会紧随着一个为未来担忧的人，为明日准备的最好的方法，就是要集中你所有的智慧，所有的热诚，把今天的工作做得尽善尽美。这就是你能应付未来的唯一方法。

记住这句话吧，它会改变你的一生，它会帮助你度过无忧无虑的一生，那就是：最重要的是不要去空想远方模糊的目标，而是要做手边清楚的事。

## 3. 不要因小事垂头丧气

**我们活在世上只有短短的几十年，可是却浪费了许多无法补回的时间，去为那些很快就会被所有的人忘了的小事而烦恼。**

通常，面对重大危机的时候，我们能打起精神，勇敢地迎接挑战。而对那些常见的小事，却不肯放在心上，往往被搞得垂头丧气。

有这样的一幅漫画：一个登山者正倾力倒出他鞋子中的砂子。旁白是："使你疲倦的往往不是远方的高山，而是鞋子里的一粒砂子。"这正揭示了一种真实：将人击垮的往往不是面临的巨大挑战，而是琐碎事情造成的倦怠。

一些从事危险而艰苦工作的人，工作时毫无怨言，但却不能与周围的同事、室友维持良好的关系。芝加哥的约瑟夫•萨伯斯法官在仲裁过4千多件不愉快的婚姻案件之后说道："婚姻生活之所以不美满，最基本的原因通常都是一些小事情。"而纽约州的地方检察官弗兰克·霍根也说："我们处理的刑事案件里，有一半以上都起因于一些很小的事情：在酒吧里逞英雄，为一些小事情争争吵吵，讲话侮辱别人，措辞不当，行为粗鲁——就是这些小事情，结果引起伤害和谋杀。"

罗斯福夫人刚结婚的时候，她忧虑了好多天，因为她的新厨子做饭做得很差。"可如果事情发生在现在，"罗斯福夫人说，"我就会耸耸肩膀把这事给忘了。"这才是一个成年人的做法。就连凯瑟琳女皇——这个最专制的女皇，在厨子把饭做得不好的时候，通常也只是付之一笑。

有一次，我在芝加哥的一个朋友家里吃饭，分菜时朋友有些小事没做好。其实大家都没留意，但朋友的妻子却立刻暴跳如雷："约翰，你是怎么回事？难道连这点小事都永远学不会吗？"接着她又对大家抱怨说："他就是这样，一错再错，做什么事情都不用心。"也许她说的有道理，但我真佩服这样一对夫妻竟在一起生活了二十年。当时，我觉得宁愿吃得不好，也不愿听她的唠叨。

之后不久，我和妻子也请几个朋友吃晚餐。客人快到时，妻子发现有三条餐巾与桌布的颜色不相配。其他的餐巾都送出去洗了。她抱怨说：

“为什么会犯这么愚蠢的错误，这次晚餐全被这三条餐巾给毁了。”但她转念一想，为什么要把自己的好心情葬送在三条餐巾上呢？于是她决定不去在意这样的事，而是好好享受晚餐。

妻子认为，她情愿让朋友们觉得她是一个比较懒散的家庭主妇，也不愿给他们留下神经质的印象。而据我所知，那次晚餐中，朋友们都没有注意到那几条餐巾。

因为一些小事，我们往往烦扰不已，结果搞得自己很沮丧。其实，我们都把那些事情过分夸大了。正如狄士雷里说的：“生命太短暂了，不要再顾虑小事了。”安德烈•墨里斯也在杂志上说：“我要说的这些话曾帮助我度过很多痛苦的时间。我们常会因为一些小事而心烦意乱，而实际上它们根本不值一提。我们在这个世界存在的时间不过短短数十年，时间被浪费了，就再也找不回来了。有些事情过不了多久，我们就会完全置之脑后，那为什么还要为此而烦恼呢？我们的时间应该用在更有意义的行为和情感上，让我们的思想变得伟大，去体会那些真实的情感。人生苦短，不该只顾及那些无关紧要的小事。”

著名作家荷马•克罗伊也曾经讲过，过去他写作时，常被纽约公寓热水器的声音吵得发疯。后来有一次，他与几个朋友去野餐，听到木柴烧得很旺时的声音，他突然想到这些声音与热水器的响声很像。那么为什么自己会喜欢一个却厌恶另外一个声音呢？之后他就告诉自己：木柴烧裂时的声音很好听，热水器发出的声音也差不多。他完全可以不理会那些噪音而蒙头大睡。再后来，他就完全忽略了当初令他烦躁的那个声音。

大多数时间里，要想克服一些小事情所引起的困扰，只要把自己的看法和重点转移一下就可以了——让你有一个新的、能使你开心一点的看法。狄士雷里说过：“生命太短促了，不能再只顾小事。”

我们常常让自己因为一些小事情、一些应该不屑一顾和很快该忘的小事情弄得非常心烦。我们活在这个世上只有短短的几十年，而我们浪费了很多不可能再补回来的时间，去为一些一年之内就会被所有人忘记的小事发愁。不要这样，让我们把自己的生活只用于值得做的行动和感觉上，去想一些伟大的思想，去经历真正的感情，去做必须做的事情。因为生命太短促了，不该再为那些小事而费神。

## 4. 把磨难当梯子，你就是英雄

**别人可以违背因果，别人可以害我们，打我们，毁谤我们。可是我们不能因此而憎恨别人，为什么？我们一定要保有一个完整的本性和一颗清净的心。**

人生自古多磨难，有谁能够安然过百年。朋友，人生多磨难，生活的理想是为了理想的生活，我们应该不断地为自己鼓掌，只有把这些磨难当做梯子，人生之路才会越走越宽，越走越坦荡。

对强者来说，他们会从磨难中获得生存的智慧，会从困境中寻找出路，走向新生。对弱者来说，则会哀叹和无奈。面对现实，最重要的就是在困难和挫折面前勇敢面对，挺起胸膛，知难而上。请坚信一点，坎坷过后是坦途，生活中没有过不去的关口，没有绝望的处境，只有对处境绝望的人，生活不相信眼泪。跌倒了，重新爬起来；流血了，微笑着擦拭掉。生活就是这样，只要勇敢无畏地去面对它，就能战胜一切。

任何事物都有高潮，也有低潮，这是规律。走向低潮的时候，往往危机来到，局面失控。不过，这也是转机。因为，善于把握当下的契机，有所作为，必然迎来转机。

1924年，美国家具商尼科尔斯的工厂突然起火，结果所有的家具都被烧了。大火没给他留下什么，只留下了一片残存的焦松木。

看着眼前的一片狼籍，尼科尔斯把双手死死地插在头发里，心情糟糕透顶。突然，这烧焦松木独特的形状和漂亮的木纹吸引住了他的目光，一个念头从脑海里闪过，竟然让事情有了转机。

他小心翼翼地用碎玻璃片削去沉灰，再用沙纸打磨光滑，然后涂上一层油漆，居然产生一种温暖的光泽和红松非常清晰的纹路。尼科尔斯惊喜地狂叫起来，马上制作出仿纹家具。

正是这场意外的大火，烧出了尼科尔斯的灵气与希望，促成了仿纹家具的诞生。接着，大家都来争相购买他制作的家具，生意十分兴隆。

当时，有人评论：“尼科尔斯独具特色的家具像一只在火灰里面死而复生的不死鸟一样蓬勃兴起。”一场大火给他带来灾难，同时也带来了新产品和金钱。今天，尼科尔斯创造的第一套仿纹家具，还陈列在纽约博物馆。

痛苦是人生的一部分，生活本身就是由痛苦与欢乐、成功与失败交叠而成的。成功与失败是相对的，痛苦往往是快乐的前奏，快乐是在战胜困难和痛苦中获得的。我们应该有的正确的观点是：人生就是挑战，就是拼搏，就是自强不息地战斗，有了这种精神，才能够渡过难关，成为真正的强者。

人生之路从来就不是平坦无阻的。生活中的艰难曲折、事业上的成败得失、人际交往中的纠葛，以及那些无法预料的天灾人祸等构成了我们的整个人生。生活本身就是苦甜酸辣、五味俱全，这样的生活才是真实的人生。我只想说，身受耻辱，意志坚强，胸怀宽广、志向高远者，必得胜利。

## 淡定的人生不纠结

在林肯的生涯中，曾做过毫无声望的律师。有一次，他为了一件重要的诉讼事件赶到芝加哥，当地的几个著名的律师，对他毫无欢迎的表示，他跑去拜见，也到处受人白眼。因为那些律师自视甚高、目中无人，认为自己和这样一个年纪轻、资格浅的人往来，未免有失身份。

那么，林肯怎样看待他们的侮辱呢？他把眼睛抬得更高，也用鄙视的态度来答复他们吗？不！如果他这样做，恐怕后来也不会享有那么大的名望了。

当他回到斯普林菲尔时，他对别人说：“我从他们的白眼中，看出自己的学识经验，实在还远不够用。我发现自己应该学习和尚未学习的事还有很多！”

侮辱的结果，促使林肯更加努力上进，后来果然一步步超越自己，当了总统。而那些从前侮辱过他的人，却还在做个平凡的律师。林肯抓住了他们送给他的“轻视”，拿来当做一架梯子，一步步地蹬上成功。

有句话说的好：“垃圾之中有黄金。”只要你努力地发掘，你完全可以把挫折当作是一次成功的转机。你可以重新再来，从跌倒的地方爬起来，做生活的强者。

每个人的生活道路，从来都不会永远风和日丽、充满阳光，当我们认识到这一点的时候，就要学会把磨难当做梯子，战胜困难和挫折，让自己成为真正的英雄。

## 5. 任何挫折打击都不放在心上

**做事前先培养自己的信心，在你望得见的地方写下“保持积极的心态，一切皆有可能！”同时要牢记“我不相信失败”，直到让这个想法完全驻进你的潜意识为止。**

做人要有拿得起放得下的心态，别因为别人的排斥而失去自己的进取心，不要在乎别人的压制，关键是发展自己。

人很容易因被人排斥、拒绝而感到气馁和消沉，一下子觉得自己没有价值，生活失去目标。活生生的例子包括了那些因父母视之为最珍贵的宝贝的孩子长大后成为一个不快乐的人，那些因长期受同学耻笑而变为偏激孤僻、缺乏自信的一群，和那些因被爱侣拒绝愤而自杀或杀人的案例。

在一家公司，有一位绰号为“编外参议”的人，他并不是公司决策层人员，但喜欢评论决策层的决策。每逢公司作出决议的时候，这位“编外参议”必然高谈阔论，对那些似是而非的论点持反对意见，这就是他的习惯，也是他之所以获得“编外参议”绰号的由来。但是有一回，在偶然的经历中，他却受到相当深刻的教诲，并使得他一改以往的心态与作风。事情的经过是这样的：

有一次，公司方面面临一项重要的经营决策问题。这个决策成功的希望很大，但却需要花费相当大的资金，且风险性也高得近乎孤注一掷。公司的经营者为此伤透脑筋、举棋不定。在讨论此决议时，编外参议听说了，又摆出学者的姿态开口说话了：“暂且稍安勿躁，让我们先来考虑其中可能遭遇的困难吧！”

此时，有一位素来沉默寡言，却以出众的才能、业绩，及不屈不挠的个性深受同事们欢迎及尊敬的人，以断然的口吻开口说话了。“你为何总强调障碍、困难？并以它来代替成功的可能性呢？”他如此问道。“因为……”编外参议回答，“凡事都应该做最坏的打算，并应考虑现实的问题。现在这项计划中存有若干障碍的确是事实。请问你要以如何的态度去面对这些障碍呢？”

那人毫不犹豫地回答说：“你是说，要以何种态度去应对这些难题呢？不用说，当然是要把它们彻底加以解决，并让它们从现实中消失。”

编外参议反驳道：“这件事恐怕是知易行难！不像你说的那么轻松简单！你刚才说要将它们消除掉，是不是你有什么特别的方法？我想，除了你之外，我们是没有这种能耐的。”那人从容不迫地接着回答这个问题，脸上还不时浮现出微笑。

“我可以这样告诉你——我从来没有看过以充分的信念和勇气努力去克服障碍，而尚有克服不了的。如果你真的想知道该如何做才能办到，我现在就可以展示给你看……”他这么表示。然后，他从口袋中取出皮夹，在透明夹层中，夹有一张上头写着字的卡片。他把皮夹推向位于另一端的桌缘，并对编外参议说道：“请你读一读它吧！那就是我的方法，是我从生活中的亲身体验所得。”

编外参议拿起皮夹，以疑惑而好奇的神情默读着。“请大声地读出来吧！”那人说道。编外参议以半信半疑的声音慢慢读出：“虔诚的信仰给了我无比的力量，凡事都能做。”

那个人把皮夹收回，放入口袋中，同时表示，“我经历了很长的时间，也遭遇过相当多的困难，这句话的的确确具有实际上的力量。运用了它，任何障碍都能消除。”他带着肯定的口吻说道。在场的每一个人都明白了他的意思，而他的积极态度，以及他那勇于克服困难的精神使得大家对他所说的话深信不疑。

面对被排斥的时候，首先需要的是承认自己的感受，明白愤怒、受伤害、沉郁的感觉都是正常应有的反应。因此，一个受排斥的人应该寻找正确的途径来宣泄心中的不快，例如去海边大声叫喊，把心中不快发泄出来；或把旧报纸撕烂，以泄不忿；或者痛痛快快地哭一场。当然，找个朋友或心理辅导师倾诉一下，把心中的积闷吐出来，听听别人的劝告鼓励，这就更加有帮助。

应付排斥的另一个重要战略是千万不要过分重视对方的恶言相向。人在情绪激动时的说话都是最尖酸刻薄和极端的，在被耻笑或抗拒时，一切的话语都必定是毫无保留地要攻击你的弱点。若你对这些话语太过认真，必定会感到对方鄙视你，视你如粪土。但若你明白到这是吵骂时的必然现象，是人类争执时的策略，你便不会全数照收这些话语，选择性地接受信息，在这一刻会是一个重要的求生自保策略。

## 6. 没有失败你就不能长大

**人生最重要的不是以你的所得做投资，任何人都可以这样做。真正重要的是如何从损失中获利，这需要智慧。**

人人都渴望成功，渴望一帆风顺，心想事成。但世界上这样如此幸运的人是少之又少。我们在生活中会遇到大大小小的失败，怎样面对眼前的失利，怎样从失败中汲取教训，在失败中让自己长大，这些决定了你未来的发展。

伟大的心理学家阿物洛一生都在研究人类及其潜能，他曾宣称他发现了人类最不可思议的一种特性，那就是：人类具有一种反败为胜的力量。

1832年，林肯失业了，这显然使他很伤心。但他下决心要当政治家，当州议员，糟糕的是，他竞选失败了。在一年里遭受两次打击，这对他来说无疑是痛苦的。

接着，林肯着手自己开办企业，可一年不到，这家企业又倒闭了。在以后的17年间，他不得不为偿还企业倒闭时所欠的债务而到处奔波，历尽磨难。

随后，林肯再一次决定参加竞选州议员，这次他成功了。他内心萌发了一丝希望，认为自己的生活有了转机："可能我可以成功了!"

1835年，他订婚了。但离结婚还差几个月的时候，未婚妻不幸去世。这对他精神上的打击实在太大了，他心力憔悴，数月卧床不起。1836年，他得了神经衰弱症。

1838年，林肯觉得身体状况良好，于是决定竞选州议会议长，可他失败了。1843年，他又参加竞选美国国会议员，但这次仍然没有成功。

林肯虽然一次次地尝试，但却是一次次地遭受失败：企业倒闭、情人去世、竞选败北。要是你碰到这一切，你会不会放弃——放弃这些对你来说是重要的事情?

林肯没有放弃，他也没有说："要是失败会怎样?"1846年，他又一次参加竞选国会议员，最后终于当选了。

两年任期很快过去了，他决定要争取连任。他认为自己作为国会议员表现是出色的，相信选民会继续选举他。但结果很遗憾，他落选了。

因为这次竞选他赔了一大笔钱，林肯申请当本州的土地官员，但州政府把他的申请退了回来，上面指出："作为本州的土地官员要求有卓越的才能和超常的智力，你的申请未能满足这些要求。"

接连又是两次失败。在这种情况下你会坚持继续努力吗?你会不会说"我失败了"?

然而，林肯没有服输。1854年，他竞选参议员，但失败了；两年后他竞选美国副总统提名，结果被对手击败；又过了两年，他再一次竞选参议员，还是失败了。

林肯尝试了11次，可只成功了2次。他一直没有放弃自己的追求，他一直在做自己生活的主宰。1860年，他当选为美国总统。

阿伯拉罕·林肯遇到过的困难或许你我都曾遇到过。他面对困难没有退却、没有逃跑，他坚持着、奋斗着。他压根就没想过要放弃努力，他不愿放弃，所以他成功了。

大自然的法则永远是优胜劣汰，没有经过困难的磨砺，就不可能成为强者。我们在生活中所遭遇的种种困难挫折就是加在我们身上的“泥沙”；然而，换个角度看，它们也是一块块的垫脚石，只要我们锲而不舍地将它们抖落掉，然后站上去，那么即使是掉落到最深的井里，也能安然的脱困。

失败可以催人奋进，使人成长，失败可以给人很多经验、教训，而这些是成功往往得不到的。任何时候，都要保持一颗进取心，有了这种状态，无论面对什么困难，都能应对有方，最终顺利达成目标。

为什么有的人遇到挫折就沮丧，遭遇失败就痛苦，无法从低谷中走出来，关键在于他们不具备逆势突围的能力和心态。学会正确看待失败、挫折，从中汲取前进的智慧，人生会大有改观。

## 7、厄运是幸运的奠基石

**厄运往往是另一种命运的起点，不去计较它才能成就新的命运，一味埋怨，厄运也不会成为幸运。**

从来不会有人祈祷让厄运降临到自己的头上，每个人都在寻求生命的价值和自身的发展，期望得到幸福和快乐，可以说这是任何一个人一生的追求。然而，不幸的是我们避之犹恐不及的厄运却往往不请自来，一下就把我们陷于困境甚至绝境之中，看不到希望，看不到光明，我们仿佛只是一个生命的影子。

然而厄运往往是另一个命运的起点，不去计较它才能成就新的命运，一味埋怨，厄运也不会成为幸运。

约翰·布伦迪被他的朋友们称做“马拉松人”，这是众人所知的事实。

1973年6月6日，约翰照常做二十分钟的晨跑运动，然而他没想到的是，这次晨跑成了他一生中的最后一次跑步。

那天早上跑完以后，约翰依旧到工地去，他和另外三人一同在屋顶上工作。天气非常炎热，工作也很艰苦，这时监工叫约翰拿一样工具给他，约翰便移动双脚，不料房顶水泥尚未凝固，他就从上面掉下去了。

约翰失去了控制，他头朝下坠落下去。他事后回忆说：那时候我听到很多杂音和背骨折碎的声音……

现在想起来真是害怕，我整个身体一直往下掉，整个人就像饼干一样，那一瞬间我发现脚一点知觉也没有。

以后的数秒之中恐怖、愤怒、绝望一一向我袭来，我很想站起来，可是心有余而力不足，能听从脑部指挥的只有头部。

好像有人在上面说：“唉哟!约翰掉下去了。”

我心里不断期望，也不断诅咒。我把头转向左边，看到十公分远的地方有穿着鞋子的双脚，脚尖就在眼前，好像是我的脚，可是怎么会在这里呢?那一刻，我真的好害怕。

好像又有人把我的头抬起，放在像枕头之类的东西上，其实我不觉得痛苦，后来激烈的阵痛不断侵袭我，痛得我几乎想死去，整个头好像被一根绳子吊起来，稍微一动就痛苦不堪。

我猜想如果绳子断了，我的头是不是会扭转不停呢?很奇妙的想法，是不是?我一直努力使自己保持清醒。

急救人员很快就到达了，他们把我抬到担架上，因为痛苦的关系，我非常害怕别人移动我的身体，毕竟是专业的急救人员，他们一面鼓励我，一面尽可能减轻我的痛苦，使我大为放心。

我被抬入救护车后，觉得舒服了一点，可能是心理因素吧!我认为马上就要到医院去治疗，情形不会太严重的。

一到医院，神经外科医生表示要照X光，把我放在台上，双手双脚呈八字形分开，为了配合角度，医生不时摆动我的头，一种从未有的痛苦侵袭着我，真的，从未有的。

过了一会儿，医生确定我的头骨断了，这不是一个好消息，我在孩提时代，曾听过头骨折断的故事，没想到竟也发生在我身上。

我开始向上帝期望，请它赐给我力量，不容发生任何事。

漫漫长夜，好像永无止境，我不断地回想当天所发生的事，思绪愈来愈乱，就这样痛苦地度过黑夜。

在受伤的昏迷之中，我想起坐在轮椅上的总统——罗斯福和他说过的一句话“应该恐惧的是本身。”

从此以后，我变成一个思想积极的人，我问自己：“受伤对我有什么意义呢?”我不断地思考，告诉自己：“我将来一定会了解的，现在必须想办法活下去!我一定要努力!”对于一切，我心存感谢。

我真正的奋斗，从现在开始。

每个人都会遭遇厄运，但拿起勇气面对厄运比化解厄运更重要。因为厄运并不能致人于死地，相反是是另一种命运的起点!

爱默生说过：“我们的力量不是来自我们的强大，恰恰相反，而是来自我们的软弱，只有当我们不堪被戳、被刺、被抛向痛苦的深渊，甚至被抛向死亡的鬼门关时，才会唤醒包藏在我们内心深处的潜能和不可战胜的力量。”

当一个人坐在占有优势的椅子中舒舒服服、昏昏欲睡时，他不可能会成为一个伟大的人物。只有当他被摇醒、被折磨、被击败时，他才有机会去学习他以前根本就学不到的东西，这些东西刺激着他不断的思索和感悟，从而增强了他内在的智慧，发挥了他的刚毅精神，更深刻地了解了人生和生活更深邃的存在，从而使他这朵当初并不起眼的小花，却在经历了厄运的岁月后摘取了一颗硕大无比的果实。

## 8. 努力活出强者的气势

**许多人不到穷途末路的境地就不会发现自己的力量，而灾难的折磨反而会使他们发现真我。磨难也是一样，它犹如凿子和锤子，能够把生命雕刻出力量和希望来。**

人只有接受困境的自己，才能释放心灵的能力，一旦我们接受最恶劣的状况，我们就没有什么可以损失了，从此以后所有都是“得”，不再是“失”。所以，坦然面对最坏的状况，能让心灵平安。

《顽童历险记》的作者马克•吐温曾经说过：“19世纪中，最值得一提的人物是拿破仑和海伦•凯勒。当时，海伦•凯勒只是位15岁的少女，现在，她已经是20世纪的传奇人物之一了。

海伦•凯勒虽然是位盲人，但她读过的书，却比视力正常的人还多，而且，她还有许多著作问世。她多姿多彩的一生曾被拍成电影，她的耳朵全聋，但她却比正常人更会鉴赏音乐。有9年的时间，她完全不能说话，后来，她却能巡回全国各州发表演讲，甚至有4年时间她参加喜剧的演出，还到欧洲旅行。

她刚出生时，也是个正常的婴儿，能看、能听，正在呀呀学语时，一场疾病使她变得又盲又聋，那时她才19个月大。既盲又聋使得她性情大变，稍一不顺心，就乱敲乱打，有时滚在地上乱吼乱叫。双亲在绝望之余，忍痛把她送到波士顿的盲人学校就读，特别聘请一位老师照顾她。从那时起，在黑暗的世界里出现了一位光明的天使，她就是安妮·苏利文老师，她辞去盲人学校的教职，正式教育海伦·凯勒。

当时苏利文老师未满20岁，要担负起教导一位既盲又聋的少女，实在是一件艰巨的工作。苏利文出身于穷苦家庭，10岁时，她和弟弟两个人被收容在马萨诸塞州的救济院。由于房间不足，幼小的姐弟俩只好住进太平间，那是放置尸体的房间。弟弟身体较弱，6个月后就病死了。而苏利文也差一点在14岁失明，然后到盲人学校学习盲文。所幸双眼并未失明，但是，她那几乎失明的视力，在她去世之前也丧失了。

苏利文是如何教导海伦·凯勒呢？她如何用一个月的时间就和生活在黑暗、沉默世界中的海伦·凯勒沟通呢？——关于这件事情，在海伦·凯勒所著的《我的生涯》一书中有深刻的描述："一位既盲又聋的少女，初次领悟到言语的喜悦时——那种令人感动的情景，实非笔墨可以形容。"海伦·凯勒自己写道："在我初次领悟到言语存在的夜晚，我躺在床上兴奋不已，那是我第一次希望赶快天亮。我想再也没有其他人能感受我当时的喜悦了！"

海伦·凯勒孜孜不倦地接受教育，在她20岁那年，终于进入大学就读。苏利文老师也和她同行。这时，她除了和一般学生一样会看书写字之外，她还得学习说话。当时她说出的第一句话是："我已经不是哑巴了！"海伦对此奇迹非常兴奋，不断地重复说："我已经不是哑巴了！"

## 淡定的人生不纠结

要知道，许多能力并不是天生的，而在于当事人能够以强者的气魄努力做事，活出自己的精彩。有了这种顽强进取的精神，我们自然会激发自身的潜能，收获更多成功。

## 五、快乐心：别纠结于让你愤怒的人和事

无论与人相处，还是做事，都少不了“快乐”这剂调料，否则人生就毫无乐趣可言。愤怒的时候，不妨换个思维方式，你会发现生活其实可以在变通中更鲜活。

## 1. 心境决定一个人的心情

**一个人保持好的心境，就拥有了快乐的可能。在好心情的作用下，遇到什么样的麻烦都会积极面对。**

爱抱怨，把每件不称心的事都经常堆积在心里、挂在嘴边，自己的心态、情绪也会因此变得很糟糕。不难想象，在这种精神状态下，你犯错的几率就会比别人高，同时还有很多新的烦恼在后面等着你。

心态和心境决定一个人的心情，有一个好的心情，做任何事都会充满信心，这是成功的重要保证。有很多人都是因为心情不好而丧失了很多机遇，因为心情不好做任何事情都不会感兴趣，这就直接影响到自己言行和成败。

苏格拉底还是单身汉的时候，原来是和几个朋友一起，住在一间只有七八平方米的房间里，他一天到晚，却总是乐呵呵的。有人问他："那么多人挤在一起，连转个身都很困难，有什么可乐的？"

他说："朋友们在一块儿，随时都可以交换思想，交流感情，这难道不是很值得高兴的事儿吗？"

过了一段日子，朋友们一个个成了家，先后搬了出去。屋子里只剩下了苏格拉底一个人，每天，他仍然很快乐。

那人又问：“你一个人孤孤单单，有什么好高兴的？”

苏格拉底说：“我有那么多书啊，一本书就是一个老师。和这么多老师在一起，时时刻刻都可以向它们请教，这怎么不令人高兴呢！”

几年后，苏格拉底也成了家，搬进了一座大楼里。这座大楼有七层，他的家在最低一层。而底层是这座楼里最差的，吵闹嘈杂，不安全，也不卫生，被丢死老鼠、破鞋子、臭袜子和乱七八糟的脏东西。

那人见他还是依旧喜气洋洋的样子，好奇地问：“你住这样的房间，也感到高兴吗？”

“是呀！”苏格拉底说，“你不知道住一楼有多少好处啊。比如，进门就是家，不用爬很高的楼梯；搬东西很方便，不必花很大的劲儿；朋友来访容易，用不着一层楼、一层楼地去叩门询问。”

过了一年，苏格拉底把一层的房间让给了一位朋友，这位朋友家有一个偏瘫的老人，上、下楼都很不方便。他自己搬到了楼房的顶层。但每天，他仍是快快活活。

那人揶揄地问：“先生，住七层楼也有很多好处吧！”

他说：“是啊，好处多着呢！比如，每天上下几次，这是很好的锻炼机会，有利于身体健康；光线好，看书写文章不伤眼睛；没有人在头顶干扰，白天黑夜都非常安静。”

后来，那人遇到苏格拉底的学生柏拉图，他问：“你的老师总是那么快乐，可我却感到，他每次所处的环境并不那么好呀。”

柏拉图说：“决定一个人心情的，不是在于环境，而在于心境。”

我们不可能保证事事顺心，但可以做到坦然面对，该放下的事情就不要总放在心上，不要把一些“垃圾”埋在心里，把乌云总布在脸上，把牢骚挂在嘴上。每个人都会遇到烦恼，但是明智的人会一笑了之。因为有些事是不可避免的，有些事是无力改变的，有些事是无法预测的。于是，你不能改变生命的长度，但你可以改变生命的宽度；你不能改变天气，但你可以改变自己的心情。

心态决定心境，而心境是一种境界，是一种微弱、平静而持久的情绪状态，往往在长时间内影响到人的言行和情绪。工作环境、生活条件、健康状况等等，会对心境产生不同程度的影响。

在工作中，平和、乐观的心态是最重要的。任何对客观环境的不满和怨天尤人都是无济于事的，只有以积极向上的精神去面对生活，才是解决问题的最佳方法。

## 2. 轻松地过，快乐地活

**如果有个柠檬，就做柠檬汁。**

有的人总是把生活过得战战兢兢，每一步每一次转弯都深思熟虑，但是即使这样，他的生活还是不快乐、不幸福。而有的人过得简单自在，轻轻松松，这样的生活反而是快乐幸福的。轻松地过，快乐地活，是一种人生境界。

谁都希望天天拥有一份好心情，但在现实生活中，却常常被各种各样的痛苦与烦恼所包围，不自觉地让坏心情左右自己。

失恋，被老板炒鱿鱼，生意赔钱，股票套牢，人际关系紧张，这些都会使一个人变得忧虑。有时一件鸡毛蒜皮的小事，也会让人烦恼、忧郁、愁眉不展。契诃夫的小说《一个公务员之死》写的就是一个公务员为一件小事整天担心和忧虑，最后因忧郁而死的故事。这就是坏心情不能及时排遣的恶果。

一些年轻人有一种排解坏心情的办法，叫做“情绪化消费”。

一位叫丽达的女孩子，接到男友分手的电话后，她什么也没说，下班后逛遍了临近的大商场，不管有用没用，买了不下1万美元的衣服。回到家把买来的东西丢到柜子里，抱着毛绒玩具痛哭一场。

另一个男青年霍恩，被公司辞退的当夜，满腹委屈地跑到最豪华的酒店，要了最昂贵的洋酒，喝了一个通宵，然后被送到医院，花了一生中最多的一次医药费。

总之，当自己有坏心情时，一定要想方设法化解它，但不能采取像丽达和霍恩那样的做法：原来的愁闷不但没去掉，反而添了新的心病。像霍恩，清醒后他的第一个感觉就是：我冒的是什么傻气呀？别的不说，光在医院的那一天一夜扔出去的就有两万美元，为这件事一年没睡过好觉。每当想起冒傻气的事儿，肠子都快悔青了。这种代价太高了，图了一时痛快，弄得自己“财政”出现严重危机，实在是划不来。

遇到烦恼的时候，这种“情绪化消费”方法不值得采纳。有的人能将坏心情变为好心情，是因为他们知道，事实是现实存在的，人不可能熟视无睹，说没有就没有，但心情是可以自己掌握的。好比自己口渴了，有人端来一杯水。如果想破坏自己的好心情，那就可以生气地说：“太小气了，为什么不给我买一听饮料？”如果想快乐，就会很高兴地想：终于有一杯水可以解解渴了。这样就会感谢对方，不仅自己心情快乐，对方心情也会快乐。

就像上面案例中的丽达失恋了，霍恩被辞退了，他们心情很坏，怎么办？她疯狂购物，他借酒浇愁；她大哭一场，他大病一场。这些都无济于事。如果他们不能调整自己的心态，不能豁达地应对遇到的挫折和困难，即使想出任何办法也无法使他们摆脱烦恼。

美国《时代》周刊登过一篇文章，谈到第二次世界大战时，有个士官被炮弹碎片伤到喉咙，他写了张纸条问医生："我会活下去吗？"医生回答："会的。"他又问："我还可以讲话吗？"医生回答："可以。"于是那个士官在纸上写道："那我还有什么好担心的？"

其实，你自己也可以对自己说："我还有什么可烦的？不就是那么一回事儿吗？"

我曾说过，在生活中，约有百分之九十的事是好的，百分之十的事是不好的。如果想过得快乐，就应该把精神放在这百分之九十的好事上面；如果想担忧、操劳，或者得肠胃溃疡，就把精神放在百分之十的坏事情上。

印度大文豪泰戈尔说："世界上的事最好是一笑了之，不必用眼泪去冲洗。"英国大戏剧家莎士比亚说："我愿意扮演一个小丑，在嘻嘻哈哈的欢笑声中老去；我宁可用酒温暖胃肠，也不用悲哀的呻吟声去冰冷自己的心。"

每一个人都希望得到幸福，希望心情愉快，但是很多时候，不是幸福不光临，而是你把幸福远远地拒之门外。你让生活过得很紧张，很压抑，而轻松就是一种奢侈的想法。只要你换一个角度想想，每个人都会烦恼，都会忧愁，但是如果你把这些烦恼和忧愁都想得简单和轻松，乐观积极地面对，那么你的人生就会更加快乐幸福了！

## 3. 尽早排除心中的烦恼

**烦恼就像生活中的垃圾，堆积久了会让心灵陷入病态。排除心的烦恼，保持良好的情绪状态，才会有安宁的内心。**

处在一个竞争激烈、快节奏、高效率的社会，不可避免地产生很多压力。人们需要适度的精神紧张，因为这是人们解决问题的必要条件，但是，过度的精神紧张却不利于问题的解决。

从心理学的角度来看，人若长期、反复地处于超生理强度的紧张状态中，就容易急躁、激动、恼怒，严重者会导致大脑神经功能紊乱，有损于身体健康。因此，要克服紧张的心理，设法把自己从紧张的情绪中解脱出来。

当一个人已经出现了紧张的情绪反应时，该怎么调适呢？对于这种情况，人们习惯上常常会劝慰当事人："别紧张！""有什么大不了的！"而当事人自己也通常会这样来告诫自己："放松放松！""一切都会过去的！"然而，十分不幸的是，这种办法几乎没有任何实际效果，往往让人更加不安。

排除烦恼的诀窍是有的，在这里，我们给大家讲一下道格拉斯的故事，他曾经是卡耐基办的一个学习班上学习的一个学生。

道格拉斯有着令人纠结的家庭悲剧——不是一次，而是两次。第一次他失去钟爱的5岁女儿，他和妻子都以为他们承受不了这个打击，然而就像他说的，"10个月以后上帝赐给我们另一颗掌上明珠，而她只活了5天。"

这个双重打击实在太残忍。"我受不了，"道格拉斯说，"我吃不下睡不着，精神没有办法放松，自信心完全丧失。"最后他只好去看医生，有的医生建议他服安眠药，有的建议他去旅行，他两样都做了，两样都没有效果。

他说："我的身子就像卡在虎头钳之间，越钳越紧。"如果你曾有那种悲伤到麻痹的滋味，你就会了解我的意思。"还好，我还有一个孩子——一个4岁的儿子，他给了我解决问题的答案。

一天下午，我满怀悲伤地坐在那里，小儿子跑到我面前来说："爸爸，帮我造一艘船好不好？"虽然我没有心情造船，我没有心情做任何事。但是我的儿子是个固执的小家伙，我非给他做好不可！

制造那艘船花了大约三小时，完成时，我才发现那三小时竟是几个月来我仅有的平静心情。这个发现把我从悲伤的麻木中拉出来，让我确确实实地想通一些事。我晓得，在你忙着做需要思考和计划的事情时，就没有多余的心思去烦恼了，例如造船就排除了我的烦恼心思。所以我决定要保持忙碌。

第二天晚上，我走遍全屋上上下下，列出一张需要动手的工作的清单。没想到需要修理的东西竟有那么多，书架、楼梯、窗户等等。两个星期下来，我总共找出242件必须做的事。这两年来，我完成了清单上的大部分项目。此外，我更为自己的生活安排一些振奋的活动。我每个星期上两夜成人教育的课程，我参加镇上的公益活动，我是学校家长会的会长，我还帮红十字会募款。现在我已经忙得没有烦恼了。

正常的压力是推动力，过重的压力则会伤身伤神。该如何应付压力，才不会让压力把我们打败呢？怎样缓解心理压力呢？我们有必要掌握减少压力的技巧，下面提出几种方法供大家参考：

第一，学会满足。有些人是完美主义者，对任何事都希望十全十美。所以，应该调整自己的目标，客观地评价工作、学习、生活与自己，得意淡然，失意泰然，在积极向上努力进取的同时，拥有一颗坦然面对成功与失败的平常心，才能使自己心情舒畅，即“目标可以高一点，心态应该放低一些”，以独特新颖的方式适应社会。每个人都有每个人的活法，你走你自己的阳光道，我过我的独木桥，你拥有你自己的出色，我有我的自豪。

第二，自我宣泄。宣泄是一种将内心压力排泄出去，以促进身心免受打击和破坏的方法。通过宣泄内心的郁闷、愤怒和痛苦，可以减轻或消除心理压力，避免引起精神崩溃。

第三，转移注意。该原理是在大脑皮层重新建立一个新的兴奋中心，通过相互诱导、抵消或冲淡原来的不良情绪中心，达到缓解舒缓的目的。

第四，户外走动。无论在家、工作、甚至逛街，我们多数时候都在室内。自然光照的不够，会让我们的身体失去节奏，承担压力的能力越来越差。因此，当你感觉到有压力的时候，多到户外走动，即使天气不怎么好，也要坚持。

最后需要强调的是，人生从来不是一帆风顺的。当风雨降临的时候，主动迎上去解决问题，尽早排除心中的烦恼。总之，每个人都要有一份追求快乐的心，别为了无谓的琐事生气，那么生活始终会保持亮丽的色彩。

## 4. 不要为打翻的牛奶哭泣

**意外的损失是令人沮丧的，但如果沮丧并不能挽回我们的损失，那么，沮丧的时间则不如接着去创造。**

有些人终日为过去的错误而悔恨，为过去的失误而惋惜。然而，沉溺于过去的错误之中，是事业成功的一大障碍。

人的一辈子不可能顺风顺水，总要有失利的时候。人生过程也就是得到与失去的过程，如果没有失也就无所谓得。所以，得与失是人生当中很正常的现象。

可是现实生活中，却有很多人不能正视得与失，他们常为一时的得而欣喜若狂，又为短暂的失而默然心碎。其实大可不必，真正成熟的人是不会计较这些的。要知道，我们每个人最初来到这个世界上的时候，就是一无所有的，随着一天天的长大，我们才慢慢地获得了许多东西，如果因为把以前的得到看成了理所当然。所以要想活出一个有意义的人生，就不能仅仅习惯于得到，还要习惯于失去。失去本身并没有问题，有问题的只是人的心理。

失手打翻了一瓶牛奶，固然令人心里不是滋味，可是也无需为此哭泣。因为哭泣并不能让牛奶恢复原样，只不过让自己徒增伤心罢了。我们的痛苦并不是来自于失去，而是来自于我们的“不肯放手”。

有个人坐在一艘轮船的甲板上看报纸，突然刮起了一阵大风，把他新买的帽子刮到了大海中。令别人惊奇的是，他不慌不忙地用手摸了一下头，又看了看正在飘落的帽子，像是什么事都没有发生似的又接着看起了报纸。有个人很是不解，于是问他：“先生，你的帽子被刮入大海中了！”

“知道了，谢谢！”他仍然低头看报纸。

“可是你那顶帽子值几十美元呢！”

“是的，所以我正在考虑该如何省钱再买一顶呢？帽子丢了我很心疼，可是他再也回不来了，不是吗？”说完又看起了报纸。

的确，失去的已经失去了，又何必为此而伤怀不已呢？人生长路漫漫，总要有失去的时候。既然失去了，就不要再强求，毕竟有些失去是靠人为的力量不能扭转的，比如单位要裁员你不幸就在其中，市场的竞争断了你的致富之路，天灾人祸让你损失惨重，诸如此类明知道留也留不住的东西，又何必固执地要去得到呢？失去就有失去的道理，我们只需要用一颗平淡的心来面对，让生命变得豁达和从容。

著名的棒球手康尼•马克谈过他对于输球的烦恼问题：“过去我常常这样做，为输球而烦恼不已。现在我已经不干这种傻事了。既然已经成为过去，何必沉浸在痛苦的深渊里呢?流入河中的水，是不能取回来的。”

不错，流入河中的水是不能取回的，打翻的牛奶也不能重新收集起来。但是你可以消除你脸上的皱纹，消除导致忧郁的因素。

莎士比亚有一句名言："聪明人永远不会坐在那里为他们的损失而哀叹，却情愿去寻找办法来弥补他们的损失。"

所以，不必忧虑和悲伤，不必流眼泪。在这个世界上，人们难免要有失策或愚蠢的行为，那又怎么样呢?谁都会犯错误的，拿破仑参加的所有战役中有2／3是被打败的，也许你的平均率并不比拿破仑更坏。

心态不一样，看待问题就不一样，结果也会不一样。鸡蛋破了就破了，任凭你怎么看着它，想着它，你都不可能使它重新变成一个完整的鸡蛋了。还不如挥挥手，潇洒地对自己说："破了就破了吧。"然后继续投入到新的生活中去。如果心里整天想着它，怎么也挥不去那个阴影，怎么也摆脱不了那种懊悔，为此反反复复孤枕难眠，这样就放大了痛苦，带给自己的将是更大更多的失误。

失去的就让它过去，也许有些东西本不属于你，失去了说不定对自己也是一种解脱。如果太过留恋，也许你将失去更多。雪花飘飘很美，可是它终究要化为一无所有；百花争宠很美，可是它终究要枯萎凋谢；傍晚的夕阳很美，可是它终要西下。这些失去是必然的，你能留得住吗？既然人人都无法就抗拒，就该顺其自然走下去，又何必为此伤神呢？

## 5. 要适应无法避免的事实

**如果我们将忧虑的时间用来寻找解决问题的答案，那么忧虑就会在我们智慧的光芒下消失。**

对必然的事轻快地承受，就像杨柳承受风雨，水接受一切容器，我们也要去承受一切事实。就像诗人惠特曼的诗里写的那样：“我们要像树和动物一样，去面对黑暗，暴风雨，饥饿，愚弄，意外和挫折。”

从来没有哪一头母牛会因为草地缺水而渴死，或者是哪头公牛追上了别的母牛而大为光火过。动物都能很平静地面对夜晚、暴风雨和饥饿。所以它们从来不会精神崩溃或是得胃溃疡，它们也从来不会发疯。

当有人问克莱斯勒公司的总经理凯勒先生，他如何避免忧虑的时候，他回答说：“只要我碰到很棘手的情况，凡是想得出办法解决的，我都努力去做。要是干不了的，我就干脆的把它撇开。我从来不会为未来担心，因为，没有人能够知道未来将要发生什么事情，影响未来的因素太多了，也没有人能说这些影响都从何而来，既然这样，何必为它们担心呢？”

“快乐之道无他，”罗马的大哲学家依匹托塔士告诫罗马人，“就是我们的意志力所不能及的事情，不必去忧虑。”

“当我们不再反抗那些不可避免的事实以后，”爱尔西•麦可密克在《读者文摘》的一篇文章里说，“我们就能节省下精力，创造出一个更丰富的生活。”

没有人能有足够的情感和精力，既抗拒不可避免的事实，又创造一个新的生活。你只能在这两者之间选择一个，你可以在生活中那些无可避免的暴风雨之下弯下身子，或者你可以抗拒它们而被摧折。

汽车的轮胎为什么能在路上支持那么久，忍受得了那么多的颠簸呢？最初，有的人想要制造一种轮胎，能够抗拒路上的颠簸，结果轮胎不久就被轧成了碎条；后来他们做出一种轮胎来，可以吸引路上所碰到的各种压力，这样的轮胎可以“接受一切”。如果我们在多难的人生旅途上，也能够承受所有的挫折和颠簸的话，我们就能够活得更久些，并能享受更顺利的旅程。

布斯·塔金顿说：“无论命运为我安排了什么，我都能接受。但除了失明，这是我怎样也受不了的。”但命运是无情的，这种不幸偏偏就降临在这个已经六十多岁的老人身上。他低头看自己的地毯，看见的是一片模糊，连花纹也看不清是什么样子的。他找到眼科专家，证实了这个不幸：视力确实在减退，有一只眼睛几乎已经瞎了，另外一只也在恶化。他最不能接受的事实还是发生了。

对于这个“怎样也接受不了的”不幸，布斯·塔金顿能做些什么呢？你是否以为，他会觉得：“好了，这一辈子就这样了，我就这样完了。”没有，不是的，连他本人也没想到，他依然过得十分开心，甚至还能幽默一把。以前，眼前浮动的“黑斑”令他忧虑，可现在，即使最大的黑斑从他眼前晃过，他也只是说：“哈！老黑斑爷爷又来了。今天天气不错，它想去哪里呢？”

两只眼睛完全失明后，布斯·塔金顿说：“我发现自己完全能够忍受没有视力的情况，就像承受别的任何事情一样。所以，即使我的其他感觉器官也不能用了，我相自己还是能好好继续我的思想。只要我的思想还能够‘看’，我还是一样能很好地生活的。”

为了恢复视力，他请眼科医生在一年内作了12次眼科手术。他并没有害怕，因为这都是必不可少的，他没法躲避，唯一能减轻痛苦的方法就是勇敢地接受。他不愿意住进医院里的私人病房，而是选择条件差一些的大病房，跟所有的病人在一起，他试着让其他的病人也开心。实际上，在接受手术的日子里，每一次他都知道医生在自己的眼睛里做了什么。他总是尽力想象自己是幸运的：“这是多么好的一件事啊！现在的科学这么发达，竟然可以在眼睛这么纤细的地方动手术。”

换做是一个普通人，如果也和他一样经历这12次、甚至更多的手术，并且长期生活在黑暗的世界里，恐怕早已经崩溃了。布斯·塔金顿却说：“我不会用我这样的经历来换其他开心的事。”正是这样的经历，让他学会了怎样接受不幸，让他明白，生命所带给他的任何事，不管是有益的，还是有害的，他能都接受下来。这样的经历也使得他更深刻地明白了富尔顿的话：“失明并不是一件令人难过的事，令人难过的是你不能接受失明。”

如果，我们被这些不幸打垮，为已经发生的事情而难过或者因此而害怕，还是无法改变那些无可避免的事实。虽然如此，但起码我们还可以改变自己，让自己适应这些灾难。

许多时候，一个人的适应能力，尤其是对苦难生活的适应力，决定了他的生存质量。能够迎难而上，坦然面对一切，努力活出精彩的人，会让生命增加更多快乐。

## 6. 防止产生烦闷的情绪

**乌云遮挡了阳光，花草就无法健康生长。同样的道理，一个人的心灵被烦闷压抑太久，也会让生命枯萎。**

每个人都有心情烦躁的时候，特别是做某些事时，恰好这件事有时很复杂、很难解决。于是，心里就会变得异常的烦躁。

约瑟夫•巴马克博士在《心理学学报》上有一篇报告，谈到了他的一次实验：他安排一大群大学生参加一连串的实验工作，这些工作都是他们不感兴趣的。结果所有的学生都觉得疲倦、头疼、眼睛疼，而且总打瞌睡、想发脾气，甚至有几个人胃不舒服。通过给他们化验得知，一个人烦闷的时候，他身体的氧化作用会有所下降。一旦人们觉得工作有趣的时候，其新陈代谢作用就会加速。当我们在做一些很有乐趣，令人兴奋的工作时，很少感到疲倦。

著名的无线电新闻分析家卡腾堡曾告诉我如何将一件毫无乐趣的工作变

得很有趣：他22岁那年，在一艘横渡大西洋运牲畜的船上工作，为船上运载的牲口喂水和饲料。然后他骑着自行车周游了全英国，接着到了法国。

到达巴黎时，他的积蓄花光了，只得把随身带着的照相机当了几元钱。在巴黎版的《纽约先躯报》上登了一个求职广告，找到了一份推销立体观测镜的差事。

他不会说法语，但挨门挨户地推销了一年以后，他居然挣了5000美元的佣金，成了当年法国收入最高的推销员。他是怎样创造奇迹的呢？

起初，他请老板用纯正的法语把他应该说的话写下来，然后背得滚瓜烂熟。他就这样去按人家的门铃。家庭主妇开门之后，他就开始背诵老板教的推销用语。他的带美国口音的法语使人觉得很滑稽，他趁此机会递上实物照片。如果对方问一些问题，他就耸耸肩说：“美国人美国人”，同时摘下帽子，把藏在帽子里的讲稿指给人家看。那个家庭主妇当然会大笑起来，他也跟着大笑，然后再给对方看更多的照片。

当卡腾堡讲述这些事情的时候，他很坦白地承认这种工作实在很不容易。他之所以能挺过去，就是靠着一个信念：他要把这个工作变得有乐趣。

每天早上出门之前，他都要对着镜子里的自己说：“卡腾堡，如果你要吃饭，就得做这件事。既然非做不可。那你何必不做得痛快一点儿呢？就假想你是一个演员，正站在舞台上，下面有很多观众正注视着你。你现在做的事就像演戏一样，何必不高兴点儿呢？”

每天早晨给自己打气，是不是一件很傻、很肤浅、很孩子气的事呢？不是的，这在心理学中是非常重要的。

当人们产生烦躁情绪的时候，就好像感冒病毒，虽然不会致命，却会害的人心神不定，一事无成，甚至使人觉得筋疲力尽。那么，当我们做事产生烦躁情绪时，该如何消除呢？

第一，心理准备法。人们在做事的时候出现烦躁的情绪，往往是心理准备不足的表现。本以为做这件事很简单很轻松，但实际操作时觉得并非如此，于是内心不免会烦躁起来。

因此，做事前，应该有这样的心理准备：世界上一蹴而就的事是极少的，要做好一件事，都会有一定的难度，都要付出艰辛或代价。即使是生活中的日常小事，要想做得好，也并非轻而易举。如此这样，当我们原本就计划付出艰辛的劳动，那么，再遇到难事时，自然就能接受了，心情当然也不会烦躁了。

第二，排列顺序法。做事情时心情烦躁，一个重要原因就是做事无条理，缺少顺序。做这件事时，觉得那件事更加重要，应该先做；做那件事时，又觉得这件事要紧，得赶紧去做。如此一来，心里不免会烦躁。

因此，倘若手头上要做的事比较多，可以先把这些事一件一件地写下来，排一排顺序，看看哪一件事最重要，哪一件事其次，哪一件可以暂且缓一缓，或者从逻辑意义上考虑一下，看看应该先做哪一件事，然后再做哪一件事才顺理成章，有条不紊。

第三，过程分割法。做比较复杂的事情时，可以先把它的过程分割一下，切成若干个相对独立的阶段后，再一段一段地有序的做下去。复杂的事，分割成几个阶段后，每个阶段就不会那么复杂了，做起来也会容易得多。每完成一个阶段，就会有一种欣喜，如此一来，自信心也就增强了，心情自然不会烦躁。

## 7. 许多事情不是想象的那样

**思虑太多，反而会扰乱了心性。减轻烦恼的重要方法是不去想太多，更不能想当然，增加无谓的纠结。**

自古以来，人类就有很多错觉，如果不用理智来精细推测，用宽广的胸怀来包容，往往就会被表面现象所迷惑，甚至连哲学家也不例外。亚里士多德就曾经认为重的物体比轻的物体落地快，后来伽利略的斜塔试验证明他是错的。

于是，我们知道了：事情往往不是你想象的那样。一百个人眼里有一百个哈姆雷特。同样，同一件事情，在不同的人看来，就有不同的结果，因为每个人看待事物时，都会或多或少地戴上有色眼镜，用自己的喜好、经验和标准来进行评判，结果就是我们往往看到了事情的假象。

一天，一个盲人带着他的导盲犬过街，被一辆失去控制的大卡车撞上，盲人和狗都惨死在车轮下。

主人和狗一起到了天堂门前，一个天使拦住了他们："对不起，现在天堂只剩下一个名额，你们两个只能有一个上天堂。"

主人一听，连忙问："我的狗又不知道什么是天堂，什么是地狱，能不能让我来决定谁去天堂呢？"

天使鄙视地看了这个主人一眼，皱起了眉头，说："我很抱歉先生，每一个灵魂都是平等的，你们要通过比赛决定谁上天堂。"

主人失望地问："哦，什么比赛呢？"

天使说："这个比赛很简单，就是赛跑，从这里到天堂的大门，谁先到达目的地，谁就可以上天堂。不过，你也别担心，因为你已经死了，所以不再是瞎子，而且灵魂的速度跟肉体无关，越单纯善良的人速度越快。"

主人想了想，同意了。

天使让主人和狗准备好，就宣布赛跑开始，天使以为主人为了进天堂就会拼命地前奔，谁知道主人一点也不忙，慢吞吞地往前走着，那条导盲犬也没有奔跑，他配合着主人的步调在旁边慢慢跟着，一步都不肯离开主人。

天使恍然大悟：原来，多年来这条导盲犬已经养成了习惯，永远跟着主人行动，在主人的前方守护着他。可恶的主人，正是利用了这一点，才胸有成竹，稳操胜券，他只要在天堂门口叫他的狗停下，就能轻轻松松赢得比赛。

天使看着这条忠心耿耿的狗，心里很难过，她大声的对狗说：“你已经为主人献出了生命，现在，你这个主人不再是瞎子，你也不用领着他走路了，你快跑进天堂吧！”

可是，无论是主人还是他的狗，都像是没有听到天使的话一样，仍然慢吞吞地往前走，好像在街上散步似的。

果然，离终点还有几步的时候，主人发出一声口令，狗听话地坐下了，天使用鄙视的眼神看着主人。

这时，主人笑了，他扭过头对着天使说：“我终于把我的狗送到了天堂了，我最担心的就是它根本不想上天堂，只想跟我在一起。能够用比赛的方式决定真是太好了，只要我再让它往前走几步，它就可以上天堂了，那才是它该去的地方，所以我想请你照顾好它。”天使愣住了。

说完这些话，主人对狗发出了前进的命令，就在狗到达终点的一刹那，主人像一片羽毛似的落向了地狱的方向。他的狗见了，急忙掉转头，追着主人狂奔。满心懊悔的天使张开翅膀追过去，想抓住导盲犬，不过那是世界上最纯洁善良的灵魂，速度远比天堂中所有的天使都快。

最后，导盲犬跟主人在一起，即使在地狱，导盲犬也永远守护着他的主人。

天使久久地站在那里，才知道自己从一开始就错了。

眼见不一定为实，有时候，我们连我们自己都不能相信。因为眼睛看到的只是最表面的东西，它代表的不一定就是真相。

眼睛看到的、耳朵听到的加上脑子里想出来的东西，不一定就是事情的真相。有很多事情并不是我们想象的那样，世上有太多的假象，我们虽然不能做到事事通透明白，但至少可以做到“凡事多思考，多问几个为什么”，只有这样，我们才能不被假象蒙蔽，造成不必要的误会。

## 8. 快乐总是与洒脱相伴

**不必纠缠于那些无谓的争执、摩擦，学会坦荡为人、做事，就能多一份开心。**

细观时下社会，环顾我们身边所有，在瞬息万变、诱惑四伏的现在，更需要我们保持一种平淡沉稳的心态，远离浮躁，放弃痛苦，收藏阳光，收藏快乐，探寻快乐，挖掘快乐。

快乐是什么？快乐是人的需求得到了满足，于生理、心理上表现出的一种反应；快乐是一种感受良好时的情绪反应，常见的成因包括健康、安全、爱情等。快乐没有钱财多少的定数，没有房屋大小的面积标准，没有职位高低的标尺衡量，没有男女老幼、高低贵贱之别，没有雅俗傲庸之辨。总之，快乐是一种思想，是一种修养，是一种境界，是一种态度。

快乐是一种独到的乐趣体验，只要乐趣真实存在，无论俗雅，都会活的开开心心、有滋有味。快乐在某种程度上也是一种洒脱。洒脱是什么？洒脱是一种美好的、积极的、乐观的生活态度，但并非人人都能做到洒脱自如，有的人过于拘谨不会洒脱，有的人过于张扬不懂洒脱。形象地说，洒脱就是一桌风味不同的菜，酸甜苦辣涩五味俱全，如果不会品味与享受，就体会不出它的独特风味所饱含的幸福快乐，更体会不出人生多姿多彩的美好滋味。

有一个富商碰见了一个乞丐，对方跟他说："你我是以前的旧相识，能给我一些钱吗？"那个富商仔细地看了看那个人说："我认出你了，你家里不是挺殷实富裕的吗？怎么会沦落到今天这般地步？"那个乞丐说："唉，去年一场大火将我的财产全部夺走了。"

富商又问道："那你为什么要当乞丐？"乞丐说："为了要钱来买酒喝呀！""那你又为什么要喝酒？""喝了酒之后，我才有勇气乞讨呀！"

富商听到这里，脑中轰然一声巨响，他在瞬间似乎看到了红尘人世中痴迷众生的本相，深有感慨地叹道："世人谁不是这样痴迷一生呢？为了酒、色、财、气耗尽了一生，最终还是尘归尘，土归土，这又何必呢？"然后他对乞丐说："等你哪天不想喝酒了，再来找我吧。"说完之后扬长而去。

乞丐在旧相识这里都没有讨到钱，感到十分灰心丧气。恰好此时有一个神父从这里路过，乞丐马上跑过去问他说："请你告诉我，明天会有好运降临吗？"神父微笑着说："你为什么一定要为眼前的事烦恼？我们只要心怀善良、慈悲、包容，无怨恨、无所求，每天都能得到上帝的眷顾。你为什么就不能活得洒脱一点呢？"

现实生活中，或许我们在许多事情上身不由己，但是不妨在忙碌之后给疲惫的心灵找一个休憩的港湾，让自己多一些愉悦的感受，呈现一种洒脱的情调。一味追求而忘记给自己一份洒脱的机会，我们又岂能负载更多世俗的担子。洒脱，那是在痛苦之后的一种平静，那是在苦涩中品味出的一丝甜蜜。

快乐很实际，洒脱也很简单，它就藏在我们的工作和生活中，只要我们用心去发现、去寻找、去挖掘、去储存，就会时时体味到那份快乐的滋味，因为，世上没有绝对幸福的人，只有不肯快乐的心。

洒脱的人都会经常告诉自己要看开一些，那怎么样才能“看开一些”呢？

（1）一分知识储备，十分自信过人。

要有渊博的知识，说话才可能随心如意，任意发挥，进退自如，这才叫洒脱。这种洒脱是自信的表现，有知识并很自信就会洒脱。正可谓是一分自信，十分潇洒。

（2）二分自我放飞，十二分乐观向上。

一个人怕东怕西，顾及太多，就会慎重到保守地步，慎之又慎，反无自信。一个人只要保持乐观的心态，就会说话大方，潇洒自如，侃侃而谈，无所不说。在“前瞻感情”中做到心灵的沟通，才会显得洒脱自然。做到这样，就不会被困难吓倒，最后落得个遗恨终身。

（3）三分关系和谐，百分之百环境宽松。

如果人际关系好，所处的人群与环境融洽，人就会说话左右逢源，给人产生好感，这是一种心理环境洒脱。心理环境是外部环境的反映，有什么样的理念，就会付之什么样的行动，也就会有什么样的外部环境。

懂得快乐并善于洒脱，是一种智慧、一种气度、一种气魄。既然身边的人和事无法让我们时时满意，那就放下争执、摩擦吧，不再纠结所谓的结果，而是让身心远离烦扰，快乐自然如影相伴。

## 9. 别再为了失眠而忧虑

**消除失眠的最好方法，就是和自己的身体交谈，向自己身上的肌肉说：放松、放松——放松所有的紧张。**

生活中，我们有三分之一用于睡眠，可是没有一个人知道睡眠究竟是怎么一回事。在许多人眼里，睡眠只是一种休息状态，至于一个人需要几个小时的睡眠，就更无从知晓了。

芝加哥大学的纳撒尼尔•克莱特曼博士，曾对睡眠问题做过很多研究，是全世界有关睡眠问题的专家。他说过："从来没有听说哪一个人是因失眠症而死的。实际上，可能有人为失眠忧虑以致体力减低，受到细菌的侵袭，可是这种损害是由忧虑所造成，而不是由于失眠症。"

为失眠症而忧虑，对人体的伤害程度，远超过失眠症本身。别再为了失眠而忧虑，让自己放松神经吧，这是善待自己的开始。有一个学生几乎因为严重的失眠症而自杀，下面是他对自己经历的描述：

我真的以为我会神经失常，问题是，最初我是个睡得很熟的人，就连闹钟响了也不会醒来，结果每天早上上班都迟到。我因为这件事情而非常忧虑——事实上，我的老板也警告我说，我一定得准时上班。我知道我如果再这样睡过头的话，我就会丢了工作。

我把这件事情告诉我的朋友，有一个人建议我，应该在睡觉以前集中我的精神去注意闹钟，就这样造成了我的失眠症。那个该死的闹钟滴答滴答声缠着我不放，让我睡不着，整夜翻来覆去。到了早晨，我几乎病得不能动，又疲劳又忧虑。这样继续了有8个礼拜之久，我所受到的折磨简直无法用语言来形容。我深信自己一定会神经失常的。有时候我会走来走去转上好几个钟点，甚至想从窗口跳出去一了百了。

最后，我去见一个我认得的医生，他说："伊拉，我没有办法帮你的忙，没有一个人能够帮你，因为这种事情是你自己找的。每天晚上上床后，要是你睡不着的话，就不要去理它，对你自己说：我才不在乎我睡得着睡不着哩，就算醒着躺在那里一直到天亮，也没有关系。闭上你的眼睛说：反正我只要躺在这里不动，不去为这件事担忧，就能得到休息。"

我照他的话去做，不到两个礼拜我就能安稳地睡着了。不到一个月，我就能每天睡8个小时，而我的精神也恢复了正常。

让伊拉•桑德勒受到折磨的不是失眠症，而是失眠引起的焦虑。这种精神上的压力，会把一个人压垮。那么，人们为什么会有这种压力呢？应该如何化解呢？

因此，要想安稳地睡一觉，第一个必要条件就是要有安全感。因为语言是一切催眠法的关键，如果你要从失眠状态中解脱出来，从放松肌肉开始，然后，把几个小枕头垫在手臂底下，使自己的下颚、眼睛、手臂和双腿放松，就会在不知不觉中睡着了。

另外一种治疗失眠的有效方法，就是使自己疲倦。你可以去种花、游泳、打羽毛球、打高尔夫，这同时也是作家德莱赛的做法。假如我们十分疲倦的话，即使我们是在走路，大自然也会强迫我们入睡；当一个人完全筋疲力尽之后，即使在打雷或战争的恐怖和危险之下，也能够安然入睡。

从来没有一个人会用不睡觉来自杀。不论他有多强的控制力，大自然都会强迫一个人入睡。我们可以长久不吃东西、不喝水，却无法不睡觉。

如今又有一种观点认为：睡觉是大脑皮层由兴奋到广泛抑制的过程，并认为这种抑制是一种主动的抑制，一种平和的抑制。这种情绪的协调、主动平和的抑制是一种心境的安详，一种超脱了尘世的“出世”。

人，要达到这种安详超脱是颇为不易的。在我们周围，追逐金钱、等级森严的社会环境既让人心情亢奋，又会心烦意乱，无所适从。因此，不妨在为人处世中心胸坦荡，光明磊落。遇事从大处着眼，不拘泥于细节，这样自然多一些豪爽，最终变得平和、安详，做到睡时入定、入静，保持身体健康。

# 六、和解心：优质关系来自成功有效的沟通

与人和解，其实是与自己为善。什么都放不下，任何事都要去计较，自然与他人产生更多矛盾，你的人生就会裹足不前。

## 1. 不要永远背着仇恨袋

**行路都希望道路是平坦的，没有沟壑、没有坎坷；为人做事也一样，都希望没有阻碍，没有敌人，事实上，后一个希望比前一个希望更容易实现，它只需你淡化恩怨即可。**

乐于忘记是成就大事的关键，既往不咎的人，才能甩掉沉重的仇恨的包袱，全神贯注地向前进。人就需要有点“不念旧恶”的精神。许多时候，人们误以为“恶”的东西，未必就是“恶”。只有不背着仇恨的人，才能够轻松上阵。

或者可以这么说，勇敢地忘记过去，着眼今后，把精力放在做对社会有意义的事情上，不去记忆那些让你痛苦的事情，才会活出一个洒脱的自己。

有一个富翁，有3个儿子，老年的时候，他决定把自己的财产全部留给3个儿子中的一个。可是有一个问题困扰着富翁，那就是到底要把财产留给哪一个儿子呢？富翁想出了一个办法：他要3个儿子都花一年时间去游历世界，回来之后看谁能做到最高尚的事情，谁就是财产的继承者。

一年时间很快就过去了，3个儿子陆续回到家里，富翁要3个儿子都讲一讲自己的经历。

大儿子得意地说："我在旅行到一个贫穷落后的村落时，看到一个可怜的小乞丐不幸掉到湖里了，我立即跳下马，从河里把他救了起来，并留给他一笔钱。"

二儿子自信地说："我在游历世界的时候，遇到了一个陌生人，他十分信任我，把一袋金币交给我保管，可是那个人却意外去世了，我就把那袋金币原封不动地交还给了他的家人。"

三儿子犹豫地说："我没有遇到两个哥哥碰到的那种事，在我旅行的时候遇到了一个人，他很想得到我的钱袋，一路上千方百计地害我，我差点死在他手上。可是有一天我经过悬崖边，看到那个人正在悬崖边的一棵树下睡觉，当时我只要抬一抬脚就可以轻松地把他踢到悬崖下，我想了想，觉得不能这么做，正打算走，又担心他一翻身掉下悬崖，就叫醒了他，然后继续赶路了。这实在算不了什么有意义的经历。"

富翁听完3个儿子的话，点了点头说："诚实、见义勇为都是一个人应有的品质，称不上是高尚。有机会报仇却放弃，反而帮助自己的仇人脱离危险的宽容之心才是最高尚的。我的全部财产都是老三的了。"

就这样，三儿子得到了富翁的全部财产。他能够胜出，并不是因为他给予别人的多，而是他计较的少，对曾经想要陷害自己的人，却能放下仇恨，转而帮助这个人，这才是真正的伟大。

"生气是用别人的过错来惩罚自己"，对别人的仇恨和憎恶最受害的就是自己的心灵，搞得自己痛苦不堪。放下仇恨就是不用别人的错误来惩罚自己，也是一种对郁闷的解脱，而仇恨却是容易让人产生复仇心理的东西，是一种很恐怖的心态。

假如你想把敌人化作朋友的话，那需要迈出的第一步就是放下仇恨的袋子，否则你们的关系是不会有任何进展的。在和别人发生矛盾的时候，如果能主动示好，宽容一切，采取和解的行动，这样就能更大程度上赢得和谐的人际关系，享受幸福的人生。

而发生口角的两个人，通常在吵得不可开交的时候已经忘记了最初是因为什么吵起来的了，最后只剩下心中隐隐的仇恨，让自己不能轻松地生活。朋友，如果这样活着我不得不说你实在是太不明智了，放下你所谓的仇恨，快乐地结交朋友，培养良好的人际关系，才能为你的成功铺垫坚实的基石。

忘记就是丢掉和休息，而铭记就是包袱和劳作，只有傻子才会愿意选择后者，疲惫地活着。

不要因为别人对你造成的伤害或者别人忘恩负义而不开心，人活在这个社会，就应该以平和的心态潇潇洒洒地为自己活着。让我们永远不要去试图报复我们的仇人，因为如果那样做的话，我们只会深深地伤害自己。

## 2. 把心底里的话说出来

**沟通的要害在于真诚交流，把内心的真实想法说出来，这是减少误解、增加互信的基础。**

积极向上的人，在给自己设立目标的同时，为了激励自己上进，通常会自我激励，通过积极的暗示，帮助自己获得成功。把心底的话说出来，就像是给你的心打了一针强心剂，对生活抱有更多的信心。

比如你想成为一个富翁，如果你只是在心底存有这个愿望的话，那么实现梦想的可能性就很小。但是如果你勇敢地把这个愿望每天大声地、重复地告诉自己的话，那么你就会养成一个习惯，时刻思考着如何梦想成真，积极地思考赚钱的方法。这样，你成为富翁的可能性就很大了。

## 淡定的人生不纠结

人在不知不觉中会受到潜意识的影响，如果你能时刻激励自己，勇敢地把心里的话说出来，会在反复的自我暗示中强化特定目标，并为之奋斗。

1930年，约瑟夫•普雷特博士——他曾是威廉•奥斯勒的学生——发现了一个问题：来波士顿医院求诊的女患者中，有很多人生理上根本没有毛病。这些人大多忧虑、紧张，“幻想”自己患上了某种疾病。简单说，病人里大多数的人是精神上受到困扰的家庭主妇。

普雷特博士却认为，单单叫她们“回家去把这件事忘掉”是不会奏效的。于是他创立了“应用心理学”实验班，希望帮助他们根治心理上的疾病。

有一年秋天，奥利弗先生我的助手乘飞机去波士顿参加这次不寻常的医学实验，正式的名称叫应用心理学。

对普雷特博士这种做法，医学界一开始是怀疑者居多。给果却是意想不到的好。这个班开设18年来，有成千上万的人参加实验后“痊愈”。有些病人到这个班学习了好几年课，几乎像去教堂祈祷一样虔诚。

奥利弗先生曾和一位上了九年而且很少缺课的妇女谈过。她说，她刚来时深信自己有肾炎和心脏病，有时甚至突然看不见东西，她又害怕会双目失明。可现在她身体状况良好，看上去比实际年龄年轻许多。

这个班的医药顾问罗丝 · 海芬婷大夫认为，减轻忧虑最好的药就是“跟你信任的人谈论你的问题。”她说：“我们把这称作净化作用。病人到这里来的时候，可以尽量讲她们的问题，直到把这些问题完全赶出她们的脑子。一个人陷入忧虑的时候会造成精神上的困扰。我们应该让别人分担我们的难题，我们也得分担别人的忧虑。我们必须感觉到世界上还有人愿意听我们的话，也能够了解我们。”

奥利弗先生亲眼看到一个妇女。在说出她心里的忧虑之后，收获了解脱后的轻松。她有很多家务事方面的烦恼。而在她刚刚开始谈论这些问题的时候，她就像一个压紧的弹簧，一面讲一面渐渐地平静下来了，等到谈完了之后，她居然能面露微笑了。这些困难是否已经得到了解决呢？没有，事情当然不会这样简单。

她之所以有这样的改变，是因为她能和别人交谈，得到了一点点忠告，和一点点同情。真正促成变化的，是沟通中产生的心理解压。

因此，下次碰到问题的时候，不妨尝试着把自己心里的话说出来，寻求他人的帮助，或者让心灵得到慰藉。当然，我们说的并不是随便在大街上抓一个人，就把一肚子的苦水全部倒给他。你可以找一个你最信任的人，讲给他听。如果你要讲给别人听，你可以对那个人说："我希望能得到你的忠告，当然即使你不能做到这一点，只要你能坐在那里听我谈谈这件事情的话，就帮我很大忙了。"

不过，如果你真的确实找不到一个人可以谈谈的话，那你可以选择在没人的地方大声说出来心里话，说给自己听，或者把想说的话写在纸上缓解紧张的情绪。

在人际交往中也是如此，你想要获得良好的人际关系，就要把心里真实所想大胆地说出来。猜忌和怀疑从来对交朋友没有帮助，说出心里话就意味着你能和别人进行良好的沟通，学会表达是成功交际的开始。

## 3、充分展示自己的口才魅力

**那些极具亲和力的人，凭借得体的口才艺术打动人心，建立了与他人融洽的合作关系。**

语言是人类最伟大的创造之一，可以说是人区别于动物的鲜明标志之一。没有语言就没有人类社会，也就没有错综复杂的社会关系。在社交中，语言是传递和储存信息的重要手段之一。如果你能有很好的口才魅力，那培养良好的人际交往圈就不成问题。

让我们举一个简单的例子，假如你去商店买衣服，看见一件式样新颖，款式别致的衣服，于是就在身上试了试，觉得它恰能有效地衬托出你的身段，使你更添魅力；但据说这种衣服容易退色，容易起皱。另一件衣服式样差一些，颜色不那么鲜明，但它是真正的名牌产品，质地好，做工讲究，穿几年也不会出什么问题。面对价格相当的两件衣服，许多人会选择前者而不去选择后者，这是为什么呢？显然，它与人们展现自己魅力有很大关系。

一个人平时的一言一行，举手投足，都会折射出他的修养和品行，并影响到别人。别人对他的评价好与坏，可以说这一因素占了很大比重。就像我们与人相处，有的人虽然话不多，但是我们却喜欢和他们在一起，因为这些人能让你感到轻松和愉快；有的人虽然遇见你就滔滔不绝地讲话，但是这样非但不让我们喜欢，反而令我们很反感。这就是个人素质与修养的问题，或者我们可以说这是个人口才魅力的问题。

我们周围确实有这种人，无论出现在哪儿，便立即成为众人瞩目的核心，即使他们不言语，就那么站着或坐着，也带给人一种特别的感觉和深刻的印象，甚至还能令人毫无保留地对他产生信任感。

许多时候，语言的魅力能带给人无与伦比的气质。语言魅力的气质与外貌漂亮与否并没有什么关系。关键是看你能否通过面部表情、形体动作、语言等展示出迷人的个性气质。真正能打动人的是气质，而不是外貌的漂亮。

显然，与他人建立融洽的关系，实现良好的沟通，都有赖于我们出色的口才魅力。有时候，即使被对方误解，但是只要你掌握说服的功力，就能化干戈为玉帛，消除隔阂，让彼此的关系更加亲近。

如果你的人际关系差，或者说话办事不受欢迎，那么就要反省一下自己的口才技巧了。如何说，对方才愿意听，这的确是建立好人缘、发展密切关系的关键。生活中，有的人谈吐精神抖擞，情感丰富，口若悬河，表情自如，显示出超人的才干和气质，博得了听众的喜爱和青睐；有的人窘迫不安，语无论次，面部表情麻木，手足不知如何放置，让人大失所望。这两种气质可以说是截然不同的。

美国人际关系学家阿尔伯特•爱德华•威根在他的研究报告《探索你的心理世界》一书中指出："在一年内失去工作的4000名职工中，只有400人即总数的10%是因不能胜任工作而被开除的，其余的90%则是因为不能很好地处理人际关系而被解雇。"美国技术协会在对一万人的情况记录作分析研究后，也得出类似的结论：90%的人因为不能成功地交往而失败了。可见人际交往在每个人的生命中都是很重要的，而展现自己独特的口才魅力就是一种"求生"技能了。

那么，怎样才能拥有出色的口才魅力呢？简单的说就是要敢于说话，敢于表达自己的想法，敢于展示自己的口才。在说的过程中，逐渐形成自己独特的口才魅力，使对方在不知不觉中被你的话语吸引，征服。

## 4. 重视交谈时的表达方式

**说话的方式，有时候比说什么更重要。选择恰当的表达方式，让对方乐于接受，你们的沟通就成功了一半。**

不同的人评论同一件事情，会有不同的方式。同样的道理，在和别人交往的时候，要注重自己的表达方式，尽量让对方满意。

正所谓“重点不在于你所说的内容，而在于你表达的方式”，古希腊人彼此交谈时的语气如何不得而知，然而我们却拥有许多他们当时的文献记载。就记载有关自信措词的文献看来，有一句话非常重要：想要察知自信措词的语气就必须亲自加以聆听。

比如职场中的人，尤其需要学会多种交谈方式，和工作伙伴怎么交谈，和老板交谈又需要怎么样的方式？而说话的艺术就是重中之重了。很多人在表达自己的观点的时候，虽然出发点和立足点本来是好的，但是，因为不知道说话技巧，没有重视表达方式，这样就常常导致无谓的误解和争端。可见，在人际交往中，掌握交谈时的表达方式、说话的技巧就显得尤为重要了。

马克是一位汽车推销员，对各种汽车的性能和特点可谓了如指掌。原本这一点对他的推销工作是很有好处的，但是遗憾的是，在推销过程中，他总是喜欢和客户争辩。特别是客户过于挑剔的时候，他会不由自主地和客户进行一番唇枪舌战，而且往往让顾客尴尬得说不出话来。

可是他似乎没有意识到其中的不足，还得意洋洋地和同事们说：“哦。看啊，我让这些家伙大败而归了！”

可是他却遭到了经理的批评：“推销的时候，在争论中你越是胜利，那么你的工作就越是失败的，因为你得罪了顾客，最后你什么都不可能卖出去。”

马克意识到了自己的错误，变得谦虚多了。有一次，他去推销怀特牌汽车，一位顾客傲慢地说：“什么，怀特？我喜欢的可是胡雪牌的汽车。这个牌子的汽车，你送过来，我也不会要的！”马克听了，没有和这位顾客争辩，而是微笑说道：“你说的不错，胡雪牌的汽车确实好，这个厂家的设备精良，而且技术也很棒。既然你是位行家，那咱们改天再来讨论怀特牌汽车怎么样？还希望先生能多多指教。”

于是，两个人开始了海阔天空式的讨论。马克也借着这次难得的机会大力宣扬怀特牌汽车的优点，终于做成了这笔生意。后来，马克成为美国著名的汽车推销员。

可见，说话的方式不同，所取得的谈话效果也是不同的，生意的结果自然也不一样。怎样在交谈中运用得当的表达方式是谈话成功与否的关键。假如只顾自己的感受谈话，那对方只会感到极不自在，最后很可能把关系搞僵。

恰当的说话方式是这样的，说话的音量大小要恰如其分，不能声音过小，要保证你的谈话对象能清楚地接收你要传达的讯息。同时音量也不能过大，以免对方感到你在咆哮，产生戒备的心理。最好正视对方的眼睛，大胆地发言，因为如果你把目光从听者移向别的地方，或者用手、笔记、衣服遮住嘴巴，就会使音量降低，对方很可能听不到你要传达的讯息。

此外，要注意说话的语调和重音的选择。换句话说，言语的抑扬顿挫不仅传达了当事人的心情，同时也代表着自信。人的心情或愤怒或忧虑或沉重，然而不论情况如何，你都要清晰明确地把信息传达给听者。

还有一种情况是，在初次见面的交谈中，如果很多话题并不适合交流，不妨就说些不关痛痒的话，它能在最短的时间里消除生疏感的尴尬，正式建立一种信任关系。

采用恰当的方式表达自己，把话说到对方的心里去，是一门艺术。特别是在人际交往的过程中，说话表达方式的不同关系到人与人之间交往的成效，进而影响到你的社交能力高低。对那些为人际关系差而苦恼的人来说，不妨从改变表达方式入手，塑造一个全新的自我，这样良好关系也就不难建立了。

## 5. 使他人获得愉悦的体验

**人与人相处，开心最重要。在沟通中建立良好的关系，必须在说话的时候让对方受用。**

如何让一个人愿意和你交谈，愿意和你结交为朋友？很简单，让你的交谈对象获得愉快的感觉，喜欢和你对话。在与人交谈的过程中，如果能尽量把话说到对方的心里去，那么就容易赢得人心了。

在各式各样的交谈中，通常都会有一些不利因素影响交谈的效果。在商业谈判中，这样的情况更是屡见不鲜。比如对方怨天尤人，埋怨产品不好，希望能换一个品种，或者对服务不满意，表示强烈的异议，等等。想要消除这些不利的因素，需要你有足够的耐心，心平气和地帮助对方舒缓心情。

有个人很善于做皮鞋生意，别人卖一双，他往往能卖几双。一次谈话中，别人问他生意有何诀窍，他笑了笑说："要善于示弱。"

接着，他举例说："有些顾客到你这里来买鞋子，总是东挑西拣到处找漏子，把你的皮鞋说得一无是处。顾客总是头头是道地告诉你哪种皮鞋最好，价格又适中，式样与做工又如何精致，好像他们是这方面的专家。这时，你若与之争论毫无用处，他们这样评论只不过想以较低的价格把皮鞋买到手。这时，你要学会示弱。

"比如，你可以恭维对方确实眼光独特，很会选鞋挑鞋，自己的皮鞋确实有不足之处，如式样并不新潮，鞋底不是牛筋底，不过柔软一些也有柔软的好处……你在表示不足的同时也侧面赞扬一番这鞋子的优点，也许这正是他们中意的地方，可使他们动心。顾客花这么大心思不正是表明了他们其实是很喜欢这种鞋子吗！善于示弱，满足了对方的挑剔心理，一笔生意很快就谈成了。”

这就是他的妙招，示弱并不是真示弱，只不过顺着顾客的思路，用一种曲折迂回的办法，使顾客感到愉快，来俘虏对方的心罢了。

作为一名推销员，应该尊重买方的意见甚至抱怨，不能为了维护自己或者企业的面子，无法容忍顾客对自己的商品进行挑剔。许多时候顾客的意见稍微离开事实，推销员就开始奋起反击，使对方哑口无言，殊不知，这样做会让你永远失去这个顾客。

当然，我并不是说企业的面子不重要，而是强调要靠全体员工为顾客提供热情周到的服务来建立和维护企业的尊严。这种热情周到的服务必须基于这样一种认识和宗旨：“顾客是上帝”“顾客至上”。如果意识到这一点，那么就应当宽宠大量地对待顾客的意见与抱怨，站在顾客的角度真诚地理解与欢迎顾客的异议，认真地分析和处理顾客的意见和建议，使顾客在与自己达成协议时保持愉快的心情，获得相应的快乐。

商业谈判是这样，日常生活中与人相处也是如此。如果你在和别人的交谈中能真诚地表达自己的想法，给予对方尽可能多的体贴、关心、慰藉，就会让对方获得快乐的感受。实际上，对方心理上的满足会维持你们之间的良好关系。

在人际交往中，我们要注意相互尊重，彼此理解，并且要达到互惠互利。所以，当我们准备提出自己的要求时，必须充分考虑到对方的利益所在，考虑到他们在这一问题上所持的态度。如果两者之间存在着不一致，应把这些不一致或矛盾视为自然的可理解的，然后寻求解决的途径和方式，以达到最佳的结果。这样，不仅能使问题获得解决，还能增进彼此的关系和友谊，为以后的进一步合作打下良好的基础。

充分考虑对方的要求，不仅是在工作中，而且在与家人的相处中也会发挥意想不到的效果。夫妻之间终归在爱好、兴趣等诸方面存在着一些不同，做丈夫的尽量站在妻子的立场上为她着想，考虑妻子作为女性的一些要求，那么，夫妻之间就容易变得恩恩爱爱，和和睦睦，整个小家庭就会笼上一层甜蜜温馨的色彩。

幽默是一种高级的智力活动，它能化解对方心中的怒火，使对方迅速消除怒气，转怒为喜。所以，在谈话中若遇到矛盾，应善用幽默，消除对方的怨气，令对方心平气和，愉快高兴，从而达到自己的目的。

## 6. 在沟通中产生共鸣

**协作来源于共同的理念，矛盾来自于思想的分歧。作为思想表达的重要方式，语言上的共鸣是合作的基础。**

“我敢说，生活中并非所有话题都能引起他人的兴趣。譬如说，我是‘自己动手’的服务人员，我的确是有资格谈谈洗盘子的问题。但是谈论起这一项普通的工作内容，我无法呈现出富有吸引力的讲解，自然无法让他人共鸣。”

然而，我却曾经听过家庭主妇把这个话题说得棒极了，有时候她们心里对永远洗不完的盘子有股发不出来的怒火，而有时候则是发现了新的方法可以处理这项恼人的工作。但是不管哪种情况，她们总是在工作中乐此不疲。正因为如此，她们能把洗盘子的话题讲得头头是道。

在家庭主妇之间，洗盘子这个话题是能产生共鸣的，对她们来说是一个合适的话题。这里还有一个问题，那就是怎么样才能在交流中与你的谈话对象产生共鸣？假如是在当众讨论的场合里，假如有人站起来反对你的观点，那你还能信心十足、热情激昂地交流？如果你会，那么你就还有机会引起听众的共鸣。因为只有先对自己的话题有足够的热情和信心，才能有机会引起别人的共鸣。

在日内瓦国际联盟第七次大会上，当时，加拿大的乔治•佛斯特爵士上台发言，他并没有带着任何纸张或字条。他在发言时常常做手势，心无杂念，全心都放在了所要说的事情上。有些东西他非常想要让听众了解，他热切地想要将心中所珍视的某些理念传达给听众，结果他的发言很成功。显然，他用自己的热情吊起来听众的共鸣。

在卡耐基的口才训练班里，如果有学员说："我对什么事都提不起劲来，我过的是平凡单调的生活。"受过训练的老师便会问他，闲暇时他都做些什么？目的是，从日常琐事中找到能引起共鸣的话题。

有一次，一位学员告诉老师说，他收集有关火柴的书籍。老师继续问他一些细节性的东西时，他渐渐开始有精神起来了。不久，他便比手划脚，描述起自己储存、收藏的小房间来。他告诉老师，自己几乎收藏有世界各国的火柴书籍。

学员之所以表现出热情，是因为老师的问话引发了他的共鸣。老师打断他说："为什么不对我们说说这个题目呢？我觉得挺有意思的。"他说，从来没想到还会有人对此感兴趣！这个人穷，用多年的精力追求一项嗜好，几乎已成了一种狂热，而他却否定它的价值，认为不值一谈。老师恳切地告诉他，测试一项题材趣味的价值，唯一的方法是问自己对它有多少兴趣。于是，他以收藏家的姿态热烈地大谈了一个晚上，受到了推崇和好评，同时也以热诚赢得了听众的共鸣。

如果想使自己的谈话引起听者的共鸣，最好能通过一定的练习使自己的声音更有力，且富有弹性。当我们与听者沟通时，需要使用许多发声组织和身体的肢体语言，我们会耸肩、挥动手臂，皱起眉头，增大音量，改变高低调门和音调，并根据说话的场合把话题说得快些或者慢些。

但是最好要记得，这些都是效果而不是原因。所谓音调的转变和调节，其实直接受到精神和情绪状态的影响。显然，在听众之前讲话时，用我们了解并有热烈兴趣的话题，更容易吸引大家的注意力。

一般来说，只有把演讲主题与活生生的听众发生关联之后，才会有好的演讲效果。成功的演讲或对话必须满足这样一点：必须使听者觉得，演讲者所要说的很重要并把热情传递给听众。

高明的讲演者总是热切地希望听众感觉到独特的力量，同意他的观点，去做他以为他们该做的事，分享他的快乐，分担他的忧愁。他以听众为中心，而不是以自我为中心；他明白自己讲演的成败不是由他来决定，而是由听众的脑袋和心灵来决定。

此外，讲话的时候一定要表现得自然大方，这样才能把意念表达得更为清楚，更为生动。否则，像木头那般僵硬，像机器人那般呆板，又怎么能引起听者的共鸣呢？

## 7. 恰当运用措词打动人心

**丰富的词汇反映了人们对事物不同的判断标准，说对话的关键是措辞准确，并能打动人心。这样就可以化解矛盾，增进了解，实现合作。**

在这个世界上，即使最伟大的演说者，也是需要借助阅读的灵感和来自书本的资料。想要增加及扩大文字储存量，必须经常让自己的头脑接受文学的洗礼。普通的交际谈话也不例外，运用恰当的措词打动人心，能为你的交际加分。

有的人不善于表达，虽然内心没有想与人为难，但是说话的时候总是让人产生误会，结果缺乏好人缘。这其实是不善于措辞导致的失败。为了发展友善关系，请修炼自己的措辞本事吧，用什么样的词汇表达意图，的确大有学问。

有一位英国人，失业后没有钱，走在费城街道上找工作。他走进当地一位大商人保罗·吉彭斯的办公室，要求与吉彭斯先生见面。吉彭斯先生以信任的眼光看看这位陌生人。他的外表显然对他不利——衣衫褴褛，衣袖底部已经磨光，全身上下到处显出寒酸样。

吉彭斯先生一半出于好奇心，一半出于同情，答应接见他。一开始，吉彭斯只打算听对方说几秒钟，但这几秒钟却变成几分钟，几分钟又变成一个小时，而谈话依旧进行着。谈话结束之后，吉彭斯先生打电话给狄龙出版公司的费城经理罗兰·泰勒，之后这位费城的大资本家邀请这个英国人共进午餐，并为他安排了一个很好的工作。

这个外表潦倒的男子，怎么能够在这样短的时间内影响了如此重要的两位人物？其中秘诀就是：他对语言有很强的表达能力。

事实上，他是牛津大学的毕业生，到美国来从事一项商业任务。不幸这项任务失败，他被困在美国。但他的措辞表达能力非常棒，使得听众立刻忘掉了他那沾满泥巴的皮鞋、褴褛的外衣和他那满是胡须的脸孔。恰当的措辞立即成为他进入商界的护照。

这名男子的故事多少有点不寻常，但它说明了一项广泛而基本的真理，那就是：言谈随时会被别人当成判断我们的根据。你的话语显示了你的修养程度，它似能让听者知道你究竟是何出身，它是教育与文化的象征。

艾略特博士在担任哈佛大学校长三分之一世纪之后曾宣称："我认为，在一位淑女或绅士的教育中，只有一项必修的心理技能，那就是正确而优雅地使用他的本国语言。"这是一句意义深远的声明，值得人们深思。

但是，你也许会问，我们如何才能和语言发生亲密的关系，以美丽而且正确的方式把它们说出来？很幸运的，我们所要使用的方法，没有任何神秘之处，也没有任何障眼法。这个方法是个公开的秘密。林肯使用这个方法，获得了惊人的成就。除他之外，没有其他任何一位美国人曾经把语言编织成如此美丽的形式，或是说出具有如此无与伦比的音乐节奏的短句："怨恨无人，博爱众生。"

林肯的父亲是位不识字的木匠，他的母亲也是一位没有特殊学识及技能的平凡女子。当他当选为国会议员后，他在华府的官方记录中用一个形容词来描述自己所受的教育："不完全。"在林肯的一生当中，他受学校教育的时间不超过二个月，那么，谁是他的良师呢？是那些无言的老师——书籍。

他可以把柏恩斯、拜伦、布朗宁的诗集整本背诵出来，还曾写过一篇评论柏恩斯的演讲稿。林肯热爱诗句，他不仅在私底下背诵及朗诵，也公开背诵及朗诵，甚至还试着去写诗。他曾在妹妹的婚礼上朗诵自己的一首长诗。在中年时期，他把自己的作品写满了整本笔记簿，但他对这些创作没有信心，甚至不曾允许最好的朋友去翻阅。

罗宾森在他的著作《林肯的文学修养》一书中写道："这位自修成功的人物，用真正的文化素材把他的思想包扎起来，可以称之为天才或才子。他的成就过程，和艾默顿教授描述文艺复兴运动领导者之一的伊拉斯莫斯的教育情形一样，他已离开学校，但他以唯一的一种教育方法来提升自我，并获得成功，这个方法就是永不停止地研究与练习。"

不断地学习，积累文字和辞藻，以便在和别人交谈的时候能用恰当的语言打动人心，那你的交际，你的谈话必定是成功的。

## 8. 千万不要让别人产生误解

**矛盾大多是由于误解引起的，真正的利益冲突并不多见。由此可见，说话是多么重要。**

詹姆斯•维康曾经说过："在一小时的演说中，只可以提出一个要点来解说。"拿破仑也曾经说过重述是修辞学上唯一的原则。可见，谈话中的大忌就是让你的交谈对象误会了你的原意。

因此，在交谈中请不要把"清楚"的重要和艰难估价太低了。我最近听到一位南方诗人当众诵读他自己的诗，可是，听众懂得一半的，还不到十分之一。有很多人，不论是公开或是不公开的演说，他们大都犯了同样的毛病。

在我们的日常交际中更是如此，不注意语言表达方式就会造成很多不必要的误解，有些误解让人啼笑皆非，而有些则很严重，会影响到正常的人际交往。如果你是一位演说家，让你的听众产生误解则是一件令人遗憾的事情。因此在谈话中，要注意自己的措辞和解释事情的方式，尽量避免因误解产生各种矛盾。

有一次，卡耐基在密苏里州的华伦斯堡师范学校中，听人介绍美国西北边陲上的阿拉斯加州。卡耐基觉得那演讲者是失败的，因为他讲得不明白而且没有趣味。

他竟忽略了去讲述那些听众所知道的事情。比如，他说阿拉斯加州的面积有598004平方英里，人口有64356人。众所周知，普通人对于一平方英里有多大并不熟悉，50多万方英里有多大，更无法确定。

如果演讲者说，阿拉斯加和它附属的小岛，海岸线的长度比环绕地球一周的长度还要长，面积比美国东北部的纽约、缅因、宾夕佛尼亚等的18州加起来的面积还要大，这样显然能给听众留下直观、深刻的印象。

此外，上面提到的人口64356人，这一个数目在10个人中间，未必有一个人能够记上5分钟甚至10分钟。如果他用大家所熟习的事去比喻这不是就要好得多了吗？例如：离华伦斯堡不远的圣约瑟夫城，这是听众大半听过的，那时阿拉斯加的人口比圣约瑟夫要少1万，为什么不就用他来做比喻呢。“阿拉斯加的面积比密苏里州要大8倍，然而人口却有我们华伦斯堡居民的13倍。”这不是清楚多了吗？

不让别人对你的谈话产生误解，就是在你的谈话对象里找出任何一个人，他都能明白你要表达的是什么，并且能对你所说的感兴趣。

英国大物理学家罗滋爵士，他对大学和公众演说具有40年的经验，他在谈到演说要素的时候，十分郑重地指出两个要点：一是学问和预备，一是努力表达得清楚。不难发现，清楚地表述自己的观点，不至于让别人产生误解是多么重要的一件事。

如果你的职业是律师、医生或是工程师，你对普通人讲话，应该格外小心，要避去专门的名词，而且对普通的名词还要加以详细的解释。

为什么要保持格外的小心呢？因为，许多人由于不照顾听众的感受，毫无禁忌地使用专业词语，结果在沟通中遭到了惨败。这种人，只管说着专业名词，对于听众“不明白”，似乎完全不放在心上，仍是滔滔不绝的讲下去。自己以为表达极为成功，而普通的听众正像对着霪雨一样感觉乏味。

那么，如何改善上述情况呢？请遵守美国参议员毕非粹兹的这句名言：“从听众中去选一个像是最没知识的人，使他对你讲的话感兴趣。”用最通俗清晰的话语表达自己的思想，在开口说话之前再三思量自己如何表达，才能确保别人能百分之百地明白你的意思，这是人际交往的基本原则。

许多时候，你与听众的误解和矛盾是可以化解的。根本的方法是采用恰当的表达方式，进行有效的沟通，增进相互信任与了解。

## 9. 以聪明方法赢得赞赏

**口才好的标志不仅在于能说，更在于会说。针对不同的对象选择合适的沟通术语，有助于赢得赏识，建立互信。**

生活中，每个人都是有尊严的。在和别人的交往过程中，我们都希望能保住自己的面子。显然，如果想让他人接受你的观点，或者对你表示赞赏，必须维护对方的自尊。

史科特博士曾经说过："当我们将一种主义输入他人脑中后，若没引起相反的意见，就是那人相信它是真实可靠的证据。"提出的意见之所以会引起对方的反对，往往是因为没有顾及对方的尊严。裴莱牧师也曾经说："人的天性都以为尊严很重要。所以最聪明的方法，就是让人家保住尊严，而来赞同我们的意见。"

有一位无神论的朋友，向英国的神学家裴莱说，上帝根本是没有的。他不但这样说了，而且还要求神学家裴莱提出反证的意见来。

裴莱牧师十分从容地取出一只表来，打开了表盖说道："如果我告诉你，这表里的轮子、发条、杠杆等是它们自己生成的，自己凑在一处而且自己会动的，你当然将说我是在说梦话了。但是，你瞧天上的星星，它们各有固定的位置，各有行走的轨道，地球和太阳系的各行星绕着太阳转，每天要走100万英里的路，每一个星完全和太阳系一个样子的，然而它们的运行，从不曾有过相碰、紊乱、纷扰，它们很安静、有条不紊，请问：它们是自己生成的呢，还是有着造物者在主宰呢？”

这段话说得多么动听！裴莱先生所用的方法很简单，那就是站在对方的立场考虑问题，先求得对方的认同，让对方不断说“是”，最终表明自己意见的正确性。

对神的信仰是一种极简单的必然的道理，正像相信一只表是有人制造是一样的。假定，他一开头就向对方用责备的口吻说：“什么？没有上帝，这真是个傻子，你简直不明白自己所讲的是些什么。”这样，双方必定要发生一场严重的争执，而那位主张无神论的朋友，一定愈加顽固地坚持己见了。

维护自己的尊严，是人的天性，所以强硬地反驳他人是徒劳无功的。要想获得别人的同意和赞赏，最明智的办法莫过于让对方保住尊严，同时赞同自己。

裴莱牧师就是用了这个方法，他使对方满含敌意的人比较容易接受他的意见，而不致损伤他的自尊。裴莱牧师很懂得这种心理上的微妙作用，但世上大多数的人，都缺乏这种容易使双方携手、并使自己的意见深入对方心灵去的微妙手段。他们都有一种错误的见解，就是一心想去占据人家心灵的堡垒。殊不知当你才开始进攻的时候，对方早已把心灵的大门紧闭，那时即使你用尽方法也很难达到说服的目的了。

一个人相信一件事常比怀疑一件事容易。因为你对于某事产生怀疑，必须先对该事有相当的了解和深思熟虑。

如果我们对小孩子说，圣诞老人是从烟囱中进来的；对野蛮人说，雷声是神的发怒，他们可以深信不疑，一直到他们有了相当的知识，才会发生疑惑。其实如果把我们深信的一切细加推究，结果大半是由于一种提示而没有经过理智的推究。

你曾否留心过，如果有人把一种主要的意见，用诚挚而容易令人感动的语气对你说出来，你的心里常常不易生出相反的意见。因此，如果你预备给人一个好的印象并使人赞同你，请记住：激起人心的感情，比引起人的思虑更为有效。

一个人讲话时，不管他的修辞多么棒，搜集了怎样的例证，声音又怎样的好听，姿势又怎样的优美，但是，如果讲得一点也不诚恳，丝毫不理会对方的尊严，必将完全无效。所以，如果你想感动听众，就得先学会尊重。

## 10. 掌握说“好”或“不”的分寸

**沟通是思想的表达，也是意见的交流，一味地说“好”，拒绝说“不”，不是成功的沟通话术。拿捏好分寸，并根据客观的情境表达，才是关键。**

做孩子的时候，我们说话会无所顾忌，想到什么就要什么，但是父母为了替我们塑造一个有准则的安全环境，不得不对我们说声“不”。我们就会学会适宜地提要求。同样的，当我们的要求合宜的时候，也需要父母对我们说声“好”，求得赞美和鼓励。

当我们长大了，大多数人或多或少都学会了怎样提出合理、适当的要求，从而满足自己的预期。反过来，对别人的要求说“不”，或者给予赞同的意见，也是需要技巧的，这就需要掌握说“好”或“不”的分寸。

说“好”和说“不”是一个有自信者必须能够做出的重要回应，这不仅是一种表明自我的重要方式，更可让他人了解我们希望得到何种待遇，以及我们行事的分寸。

许多时候，人们更喜欢得到肯定的回答，愿意从对方口中听到“好”。然而，在有些情况下，掌握说“不”的学问更重要。

苏珊在社会服务处做行政助理已经三个月了。她是那个特别部门里的两位行政助理之一。她工作卖力且乐在其中。工作上唯一让她感到困扰的一件事是，另一位行政助理琳达有时会拿一些工作来骗她，让苏珊觉得这些工作好像是她的分内之事。

麻烦就在于，她们彼此之间的工作划分并不非常清楚。她们各自负责协助四位社工人员，至于打字的工作会落到谁的身上，则视当时谁的工作量最少而定。

有一天，苏珊到了午休时刻还在工作，为了节省时间，她在自己的座位上啃起了面包。她的收文架上还有一堆东西要打字，另外还有一些资料要存档。当琳达走到她的桌旁时，她正在清点积存的工作，看看当天剩余的时间她还能解决多少。

“亲爱的苏珊，”琳达开口说，“我快被工作淹没了，麦尔在下午之前要这份打好的图表，你能好心一点把它做好吗？”苏珊感到极大的压力，她既愤慨又无可奈何。显然，她的工作量不下于这个女人，然而如果她说了“不”，琳达会认为她应付不来。“好啊，”于是她说，“放着吧！”

现在情况如何？苏珊觉得自己像个受害者，她的付出仅仅是为了让自己保持工作的机会。事实上琳达的资历比她老，于是苏珊不得不在迎合他人中做事，搞得自己疲惫不堪。说“好”和说“不”的分寸，苏珊并没有掌握好。

许多人会说话，但是又不会说话。这样的话看起来前后矛盾，但是却表明我们中的很多人不会恰如其分地表达自己的意见，尤其是没掌握如何说“好”还是说“不”。

一个人不能一味地说好，不分场合、情况地同意别人提出的要求，我们要学会在哪些情境下说“不”。但是倘若你真的从内心深处以为，别人的需求比你自己的需求还重要，那就千万别说“不”。我认为在一开始就诚实表明一切，会是一种较佳的做法。比如，当别人真心想要拒绝你的时候，你习惯他对你说“不”，还是说“好”？当然是后者。

可能你会觉得，如果拒绝了对方，那他就再也不喜欢我了。你不妨问问自己，真的可能这样吗？假如确实如此，那你还愿意和这种无法尊重你有权说“不”的朋友相交吗？

或者，这次的拒绝会使你的朋友再也不会提出要求了，虽然这种可能性是有的，但是你这次的拒绝和他今后怎么做是毫不相干的两件事。你可以明白地告诉他，这次不能帮忙了，下次再看看。将自己的意愿表达清楚了，就是在告诉对方，你现在说“不”，未必永远如此。

更何况，很多时候，大多数人对遭到拒绝并不是太放在心上。所以，不必时时、处处都作出肯定的回答，扮演老好人的角色，那会让自己很累。用心学会说“好”或“不”的分寸，才会在人际交往中应付自如，减少不必要的压力。

## 七、包容心：从容面对生活中的不如意

像海洋那样汇聚人心，包容一切，我们的视野就会变得更宽广，外界的烦扰也就无法扰乱我们的心性了。

## 1. 别在意生活中的不幸

**太阳不会总是出现，乌云密布并不可怕，不幸降临了就迎上去，没有什么值得担忧的事情能够打垮我们。**

如果你是一个穷苦的人，会不会觉得上帝是如此不公平。但是富裕的人就没有烦恼，没有不幸的事情了吗？当然不是。无论生活的际遇是怎样的，人的一生，或多或少都会有沉浮，不会永远如清晨朝气蓬勃的太阳，也不会永远痛苦潦倒。

一个人要有这样的意识，生活中的不幸是一种不可或缺的磨练。接受挑战，始终保持一种健康向上的心态，即使身处逆境也坚信生活的美好、上帝的公平。

须知，面对艰难困苦，应保持一种什么样的心态，将直接决定你的人生轨迹。不幸发生了，已经成为不能再改变的事实，我们就只能用平常的心态去接受、去适应，而不是让这一点点的不幸摧毁自己的人生，让自己的精神走向崩溃的边缘。

22岁的麦吉刚从耶鲁大学毕业，他聪明英俊，踢足球及演戏剧都表现突出，正是意气风发的好年龄。

一个平凡的晚上，一辆大卡车从第五大道驶来……等麦吉醒来时，发现自己身在加护病房，左小腿已经切去！他问自己：难道就这样在轮椅上躺一辈子？你会甘心吗？他使劲摇了摇头。其后8年，麦吉全力以赴，要把自己锻炼成全世界最优秀的独腿人。复健期间饱受疼痛折磨，但他从不抱怨，终于熬过来了……

失去左腿后不到1年，他开始跑步，不久便常去参加10公里赛跑。随后又参加纽约马拉松赛，成绩打破了伤残人组纪录，成为全世界跑得最快的独腿长跑运动员。

1993年，麦吉在南加州的三项全能比赛中，骑着脚踏车疾驰，群众夹道欢呼。突然间，麦吉听到群众的尖叫声。他扭过头，只见一辆小货车朝他直冲过来。

麦吉对于这次挨撞记得很清楚。他记得群众尖叫，记得自己的身体飞越马路，一头撞在电灯柱上。他还记得自己被抬上救护车，随后昏了过去。麦吉四肢瘫痪了，那时才30岁。麦吉的四肢都失去功能，但仍保存少量神经活动，使他能稍微动一动手臂。

麦吉知道四肢尚有感觉时，有点激动。因为这意味着他有了独立生活的可能。经过艰苦锻炼，自认为“很幸运”的麦吉进步到能自己洗澡、穿衣服、吃饭。医生对此都大感惊奇。

接着，麦吉开始了一场残酷的康复训练。他对自己说：“你是过来人，知道该怎样做。你要拼命锻炼，不怕苦，不气馁，一定要离开这鬼地方。”

其后几个月，麦吉再度变得斗志昂扬，复健速度之快，出乎所有人预料。脖子折断之后仅仅6个月，他便再开始独立生活，又大约6个月之后，他在一次三项全能运动员大会上，以《坚忍不拔和人类精神力量》为题，发表了一篇激动人心的演说，事后人人都围着他，称赞他勇敢，“麦吉真行！”

当一件不幸的事情降临了，最好的办法就是让它尽快过去，让不幸带来的悲伤情绪尽快从你的生活里消失，这样你才能腾出更多的时间去做更有价值的事情，今后的人生才能活得更有效率，有更好的心情。

我们应该学会承担生活的不幸，它是人生中必然要走过的路程。人的一生，总要遇到这样那样不如意的事情，也许我们根本无力改变这样的事实，那我们就要学会改变看待这些事情的态度，如果你能学会微笑地去面对和承担一切，这才是生命的最高境界。

首先，正确地面对人生的遗憾，在最短的时间里把每次不幸造成的遗憾接受下来，不让自己纠缠在里面，一遍一遍地问天问地，甚至埋怨上帝的不公，这样做只能加重我们的痛苦。

其次，尽可能地用努力去弥补已经出现的遗憾，承认现实生活中的不足之处，并学会用行动改变眼前的遗憾。

不要再为过去的事情难过，也别为明天的不可知焦虑，更不必为了眼下发生的不幸耿耿于怀，顺其自然，因为生活本身并没有我们想的那么糟糕。

## 2. 宽容别人对你的伤害

**感念一个人的好，固然值得称道。不过，能够宽容别人对你的伤害，具备这种胸怀的人才最可贵。**

你有没有受到过伤害？对于伤害你的人，你是憎恨还是原谅。你是快乐的还是难过的？我敢肯定，憎恨别人的人肯定没有得到快乐，与其不停地抱怨别人的过错，不如调整自己的心态，多一点宽容，少一点抱怨，这样才能善待自己，从而才能善待他人。这是人际关系的链条，环环相扣，少了任何一环，这个世界没有任何美好可言，你也没有任何快乐可言。

我知道，即使是一个非常宽容的人，也往往很难容忍别人对自己的恶意诽谤和致命的伤害，但是只有能做到宽容，才能赢得一个充满温馨的世界。

如果你被别人欺骗了，你可以怨天尤人，痛骂社会，甚至自责，但事情却不因这些而改变。在这个时候，如果你选择宽容，不仅给别人留下了台阶，也给自己留下了后路。

阿根廷著名的高尔夫球手罗伯特·德·温森多是一个非常豁达的人。有一次温森多赢得一场锦标赛。领到支票后，他微笑着从记者的重围中走出来，到停车场准备回俱乐部。

这时候，一个年轻的女子向他走来。她向温森多表示祝贺后说："我可怜的孩子病得很重，也许会死掉。我不知如何才能支付起昂贵的医药费和住院费。"

温森多被她的讲述深深打动了，他二话没说，掏出笔，在刚赢得的支票上飞快地签了名，然后塞给那个女子，说："这是这次比赛的奖金。祝可怜的孩子早点康复。"

一个星期后，温森多正在一家乡村俱乐部进午餐，一位职业高尔夫球联合会的官员走过来，问他前一周是不是遇到一位自称孩子病得很重的年轻女子。

"是停车场的孩子们告诉我的。"官员说。

温森多点了点头，说有这么一回事，又问："到底怎么啦？"

"哦，对你来说这是一个坏消息，"官员说，"那个女子是个骗子，她根本没有什么病得很重的孩子。她甚至还没有结婚哩！你让人给骗了！"

"你是说根本就没有一个小孩子病得快死了？"

“是这样的，根本就没有。”官员答道。

温森多长吁了一口气，然后说：“这真是我一个星期以来听到的最好的消息。”

虽然温森多被骗了，本来是一位受害者，但是他却有一颗宽容的心和一颗博爱的心，虽然损失了一大笔钱，但是他从自己被骗的事件中可以得出没有一个快病死的孩子的结论这让他比没有失去那笔奖金还高兴，这就是宽容和爱心带给他的幸福。

一个伟大的人有两颗心：一颗心流血，一颗心宽容。在此，让我们牢记西德尼•史密斯的一句话：“生活中有许多这样的场合——你打算用忿恨去实现的目标，完全可能由宽恕去实现。”

然而现实生活中存在许多不懂包容，一味抱怨的人，他们把抱怨当成是聊天的一个内容，而不会寻找其他的话题。即使没有特别的事情发生，人们可以抱怨的事情也可以是五花八门的：天气、交通状况、商场里拥挤的人群、银行里的长队、变老的事实、待遇太少、疾病的困扰、子女的问题等等。

如果你习惯于抱怨，当遇到问题或经受挫折的时候，你把你的注意点全都放在了抱怨上，你能在短时期内有所发泄，但是你不知道它的恶劣后果。当你试图抱怨的时候，不妨试着找找自己的原因，宽容别人对你的伤害。

否则，一旦你养成了抱怨的习惯，就会把自己的问题隐瞒起来，结果你成为问题重重的人，你会失去那些本来喜欢你的朋友，因为你的抱怨让他们感到心烦；你的家人会感到失望，因为你让他们跟着你遭受了太多的不愉快。这会形成恶性循环，你的抱怨更加严重，你的心境会变得更加糟糕！

我们要学会宽容，少一些心灵的隔膜；多一份理解，多一份信任，多一份友爱。宽容别人会给劳顿的生活平添更多的快乐。

## 3. 原谅生活才能更好地生活

**生活会给予我们许多智慧，有些是通过胜利总结出来的，有的是通过失败的苦涩感悟到的。无论哪种情况，懂得包容最重要，哪怕生活欺骗了你。**

生活不可能只有顺境，遭遇艰难的时候，不管如何努力还是无法挣脱困境，这个时候灰心丧气也是很正常的事情。但是，当我们经过哀伤、难过、愤怒、伤心、羞愧等强烈的感情之后，千万不要放弃，要始终相信自己，一切苦难都会过去，只要自己坚持到最后。

从我们来到这个世界的那一刻起，就和烦恼伴随。不过，从另一个角度来看，人生之所以多姿多彩，除了幸福、美满的时候，也在于有风雨吹打的时刻。面对生活的压力、外来的烦恼，既然无法拒绝，那就坦然面对吧。原谅生活带给你的烦恼，原谅生活，你才能更好的开拓新局面。

美国棒坛老将康尼•麦克曾毫不讳言地声称：“我如果不停止烦恼，早就进棺材了。”在纷繁芜杂的社会中，在曲曲折折的人生旅途，难免磕磕碰碰，烦恼在所难免，伴随而来的是精神肉体的高度紧张。特别是在快节奏的生活中，紧张与烦恼更是如影随形，人们因而耗尽了精力，消瘦了肉体，活得并不开心。

石油大王洛克菲勒在53岁时，便患了神秘的消化病症，头发全掉光了，甚至连眼睫毛都一根不剩，为他写传记的约翰·温克勒说他“活象个木乃伊”。驰聘商场，风光无限，却终日缺乏起码的安全感。他拥有大笔财富，却疲于捍卫、增长财富。忧虑烦恼使他53岁时便被判了“死刑”。

死神之门已经向他敞开，回想惊心动魄的一生仍能感到那后怕悸动。他非常不情愿地接受了医生的建议，选择了退休。他成立洛克菲勒慈善基金会，他尽力保持轻松愉快的心情。捐钱让他感受到赚钱所无法获得的满足和愉悦，即使当他旗下的“标准石油公司”因《反托拉斯法》的颁布而被课以“历史上最重的罚款”，他也只是对律师说：“不要担心，Johnson先生，我本来就打算好好睡他一觉，晚安!”而洛克菲勒的逝世，已经是45年后的事了。

生活虽然带给了洛克菲勒疾病，让他几乎要在很短的时间里和生命说再见的，但是他接受了，不抱怨，同时也不放弃。在烦恼和快乐的斗争中，他选择了后者，收获了快乐，还有生活馈赠的长寿。

最愚蠢的事情就是跟自己过不去，跟生活过不去。其实生活是没有理由不快活的，关键是我们选择什么样的角度来看待生活。我们有我们的悲哀，生活有生活的难处，应当学会原谅生活。

不可否认，大多数时候生活不是我们想象的那样美好。上帝是偏心的，有的人从生下来就一帆风顺，做什么都称心如意，而有的人从生下来就是个倒霉蛋，生活的艰辛无处不在。生活不公，因为绝对的公平根本不存在。如果生活待你不公平了，千万不能整天怨天尤人，让自己被埋怨包围。怨丝毫不能改变你的境遇，只会徒增自己的烦恼。不停地抱怨只会让你的生活越来越糟糕，

因此，假如你觉得生活有不如意的地方，不如学会原谅生活吧，重整旗鼓，依然用最热情的心去生活吧！到最后，你会发现，这样的选择带给你的是更美好的未来。

原谅生活是一种积极有效的生活方式，原谅生活并不是叫你淡漠所有的不公平，也不是让你超脱尘世间所有的恩怨，而是教你如何正视生活

的全面，来缓解和慰藉深深的不幸。相信生活还是好的，才能原谅生活的错。

如果你的桅杆折断了，不论是你的错还是生活的错，都不应该再悲哀地守着荡舟的孤独。原谅断了的桅杆，哪怕用手臂划船，也会有靠岸的那一天。

## 4. 避免争论才能不被孤立

**争论有时候越辩越明，有时候也会让人们的分歧加剧，让彼此的误解更深。因此，尝试着远离争论，求得一致意见，会让自己融入环境。**

有的人为了得到最大的利益而选择与人争论，殊不知，这会让你的所得与初衷背道而驰。在这个世界上，只有一种方法能让你得到最大的利益，那就是避免争论。如果你辩论、争强、反对别人，或许有的时候你会获得胜利，但是那些被你“打败”的人很可能就此疏远你，最后你反而失去得更多。

在你和别人进行争论的时候，或许你是对的，甚至是绝对的。但是在改变对方思想上来说，你却没有丝毫建树。即使这样的争论你赢了，那样的胜利也是空虚的。人生之中何必要去争论，以赢得那无谓的胜利，却孤立了自己。

著名的心理学家卡尔•罗吉斯在他的《如何做人》一书中写道：“当我尝试去了解别人的时候，我发现这真是太有价值了。我这样说，你或许会觉得奇怪。我们真的有必要这样做吗?我认为这是必要的。在我们听别人说话的时候，大部分的反应是评估或判断，而不是试着了解这些话，在别人述说某种感觉、态度和信念的时候，我们几乎立刻倾向于判定‘说得不错’或‘真是好笑’、‘这不正常吗’、‘这不合情理’、‘这不正确’、‘这不太好’，我们很少如实地去了解这些话对其他人具有什么样的意义。”

让我们看看一家餐馆里上映的一幕：

“小姐！你过来！你过来！”顾客高声喊，指着面前的杯子，满脸寒霜地说，“看看！你们的牛奶是坏的，把我一杯红茶都糟蹋了！”

“真对不起！”服务小姐赔不是地笑道，“我立刻给您换一杯。”

新红茶很快就准备好了，碟边跟前一杯一样，放着新鲜的柠檬和牛乳。

小姐轻轻放在顾客面前，又轻声地说：“我是不是能建议您，如果放柠檬，就不要加牛奶，因为有时候柠檬酸会造成牛奶结块。”

顾客的脸，一下子红了，匆匆喝完茶，走了出去。

有人笑问服务小姐：“明明是他土，你为什么不直说呢?他那么粗鲁地叫你，你为什么不还以一点颜色?”

“正因为他粗鲁，所以要用婉转的方式对待；正因为道理一说就明白，所以用不着大声！”小姐说，“理不直的人，常用气壮来压人。理直的人，要用气和来交朋友！”

每个人都点头笑了，对这餐馆增加了许多好感。往后的日子，他们每次见到这位服务小姐，都想到她“理直气和”的理论，也用他们的眼睛，证明这小姐的话有多么正确：他们常看到，那位曾经粗鲁的客人，和颜悦色，轻声细气地与服务小姐寒暄。

假如这位服务小姐一上来就和顾客吵架争辩，那到最后所有的顾客必然站在客人的一边，无疑服务小姐就被孤立了。

这就是我们善于以自我为中心的人类，过分地相信自我的标准。在日常人际交往中，我们遭遇太多的争论，造成太多心与心的嫌隙。在那些自以为是的争论中，我们竭尽全力地卫护那些并不全面、并不成熟的观点。对那些无关紧要的问题、不足称道的异己意见，我们给予太隆重的对待。

一场狂风暴雨般的唇枪舌箭过后，我们得到的仅是“心乱”，失去的却是“亲密无间”。在过后的日子里，你发现自己当初的做法是多么愚蠢。你增加了彼此的嫌隙与隔膜，丢掉了维系良好关系的机会。

人根本没有办法赢得争论，如果你输了，就是输了；如果你赢了，还是输了。在争论中，并不产生胜者，所有不愿对敌的人在争论中都只能充当失败者，无论他愿意与否。因为，十之八九，争论的结果都只会使双方比以前更相信自己绝对正确，或者，即使你感到自己的错误，却也决不会在对手跟前俯首认输。

在这里，心服与口服没法达到应有的统一，人的固执性，将双方越拉越远，到争论结束，双方的立场已不再是开始时的并列，一场毫无必要的争论造成了双方可怕的对立。所以，天底下只有一种能在争论中获胜的方式，就是避免争论。

你在争论中可能有理，但要想改变别人的想法，你就太徒劳了。从人称自己是万物之灵的那一刻起，其个性似乎就已犯上了同样的毛病，一种自我优越感、自我权威感在内心、在头脑、在全身滋长着，并借着社会心理的奥妙的遗传，一代代地继承了下来。

在热闹的争论中，我们日益变得孤立。当所有人都对外界流露出敌意时，终于体会到“人多时候最寂寞”的悲凄境地。争强疾辩绝不可能消弭误会，懂得包容他人，维持场面上的和谐氛围，才能减少不必要的麻烦，给你赢得更多好人缘。

## 5. 把他人的嘲笑当作前进的动力

**如果自己确实做得不好，那么别人的嘲笑就是自我改进的一面镜子。如果自己并没有错，那就把他人的嘲笑当做前进的动力吧。**

你受到过别人的嘲笑吗？被人嘲笑的时候，你有怎样的表现？窘态毕露，无地自容吗？虽然嘲笑里通常存有真实的成分，这种真实越正确，对你的刺激就越厉害，这个时候如果你立马反戈的话，就会显得自己很狭隘。

你会自问，难道就任由别人嘲笑吗？不妨把它当做别人帮你认识缺点、改正缺点的善举吧！通过别人的态度，发现自己的不足，继续努力，就能减少出丑的机会。

从前，罗斯福总统就曾大大受过朋友嘲弄的恩惠。那些朋友们对于他丑陋的长相和虚弱的体格常常调笑，因此激起了他的奋发心，到西部去把身体练好。当他被人戏弄时丝毫不为保住面子而竭力辩解；反之，他对外界的指责，完全坦然接受下来。

有一天，他在北德兰德斯，与许多同伴砍伐一块空地上的树木，以便在那里建筑一栋屋子。当傍晚下工时，工头问他们每人砍了几株，有一个喜欢开玩笑的工人说："皮尔砍了三十五株，我砍下四十九株，罗斯福则只有十七诛；但他更辛苦，因为他是用牙齿咬下来的。"罗斯福在旁听了，想想自己所砍下的树，切口上确实是斧迹高低不齐，好像咬下来的一般，不禁连自己也笑起来了。他老实承认自己的不足，比起别人的成绩，确实是相差很远。

又有一次，那时罗斯福是北德兰德斯牧场的主人，常常出外打猎。为了学习射猎山羊的诀窍，他打听到某处有一位著名的猎师，名叫威尔斯，便写信去请他来做教师。那封信的末尾说：“如果我去猎一只白山羊，能够如愿以偿吗?”

那位猎师原是一个粗人，不懂礼貌，就在罗斯福那张信纸的背面，写了一封回信说：“假使你的猎术没有你的写信技术高明，那你即使看见山羊从你面前奔过，你也休想碰掉它的一根毫毛。”

如果罗斯福是一个自高自大、不能忍受丝毫侮辱的人，他接到这封回信一定会勃然大怒，绝对不会再向那得罪他的猎师请教了。但他没有这样做。他打了一个电报过去，请那位猎师立刻动身前来。

罗斯福深知那位粗鲁但爱讲老实话的猎师，比一些只知百般谄媚奉承、对于自己的话言出必从的人好得多。

如果罗斯福在被人嘲笑的时候斤斤计较的话，最后不可能学到真正的打猎本领。如果一些小小的嘲笑无关大体，立刻承认或者一笑而过又有什么关系？那不仅表白了你自己诚恪忠实的性格，还能表现你积极向上的态度，相安无事不说，还反而会受到别人的尊重。

对付嘲笑这一类事，不能躲闪，也不能害怕，你愈躲闪、愈害怕，它便愈攻击你，使你日夜不宁，你若迎头痛击，反而能为你所克服，而无所施其技。就好像遇到野狗一样，狗若见你怕它，它便越肆意咆哮，你若转身对付它，它反而停了狂吠，向你遥尾乞怜。

头脑清晰的人，决不以完人自居，他自知有许多缺点，须待改进，而别人的嘲笑，正可把这些不自知的缺点揭露出来。我们的脸皮，也不可太薄，被人说中了缺点，便神经过敏，而不能强自镇定，这是缺点，但如果脸皮太厚，漠然无动于衷，而不接受别人的指责，改进自己的缺点，这也是不对的。

一般人，总以为嘲笑自己的，是仇敌；而奉承自己的，是好友。心性懦弱的人，会被嘲笑的力量压弯了原来挺拔的脊梁；而心性刚强的人，则会把别人的嘲笑视作一种完善自我的力量。这正是为什么有的人在嘲笑中走向了堕落和灭亡，而有的人却接受嘲笑，成为那个笑到最后的人。

如果你身边有经常会跳出来嘲笑你的人，那恭喜你，你实在是够幸运的人，这些人是上帝派下来把你变得更优秀的，是上帝的恩赐。正是因为这些人，你才能轻而易举地认识到自己的缺点和不足，知道努力的方向。

所以，被人嘲笑并不是什么见不得人的事，甚至还是一件值得庆幸的事。生活因为有人嘲笑变得更有动力，你在克服来自别人的一个又一个嘲笑中把自己变得更优秀，当你没有什么可供别人嘲笑的时候，你会发现，当初的嘲笑是那么重要。

## 6. 允许不同的声音存在

**不同的声音，隐藏着不同的人生智慧。能够从中学习、借鉴、反思，其实是具备了人生的大智慧。**

当遇到与我们意见不一致的人时，应该怎么做呢？针锋相对，和对方争论得面红耳赤？那样也未免太不明智了。你要想收获良好的人际关系，就要学会和你不喜欢的人相处，不要计较别人的意见，他们的话也许是对的，得允许不同声音的存在。

人的本能是和自己喜欢的人、欣赏的人靠近，同样也会本能地躲开那些自己不喜欢、不愿意打交道的人。但是，生活没有那么多随心所欲，不管出于什么原因，我们必须和自己不喜欢的人，甚至是敌人打交道，这个时候就需要一种技巧，那就是允许不同声音的存在，包括来自你不喜欢的人的意见。

罗兰德说："弱者惧怕他人的意见，患者抗拒他人的意见，智者研判他人的意见，巧者诱导他人的意见。"

在我们的生活当中，可能你也会遇到一些意见、看法跟大家南辕北辙的人。在一致的看法中，他总是有出人意料的主见。除非是明显违背了真理，我们不应该去计较，应学会用宽容的心，学习和接纳这些不同的声音。

一群站在树枝上的麻雀对其中的一只说："我们全都是迎风站立，只有你跟我们站得相反。"

"我就是喜欢这样，有碍着你们吗?"那只麻雀不服地说。

"你破坏了团体精神，是一只不合群的鸟。"

所有的麻雀一致地谴责它。但是这只麻雀仍一意孤行。

它们依然迎风站立，只有这只麻雀继续站在相反的方向。

这时一只大花猫潜行到树丛后面，由于大家都是向着迎风面，没有察觉到花猫的出现。

当花猫正准备一跃而出时，这只站立在反方向的麻雀及时看见，大叫道："猫来了!快逃!"

其它的麻雀立刻闻声飞走，这只特立独行的麻雀救了大家一命。

瞧，这就是不同声音的好处。假如所有的人都一样，那大家的眼光和思考也就是相同的，遇到危险的时候，就不会有人意识到应该采取怎样的措施避免危险的发生。

敏锐的人在对付反对意见时常常尽量使自己做些小让步。每当一个争执发生的时候，他们总是在心里盘算着：关于这一点能否作一些让步而不损害大局呢?因此，无论在什么时候，应付别人反对的惟一的好方法，就是在小的地方让步，以保证在大的方面取胜。

哈蒙曾被誉为全世界最伟大的矿产工程师，他从著名的耶鲁大学毕业后，又在德国佛来堡攻读了3年。毕业回国后他去找美国西部矿业主哈斯托。哈斯托是个脾气执拗、注重实践的人，他不太信任那些文质彬彬的专讲理论的矿务工程技术人员。

当哈蒙向哈斯托求职时，哈斯托说：“我不喜欢你的理由就是因为你在佛来堡做过研究，我想你的脑子里一定装满了一大堆傻子一样的理论。因此，我不打算聘用你。”

于是，哈蒙假装胆怯，对哈斯托说道：“如果你不告诉我的父亲，我将告诉你一句实话。”哈斯托表示他可以守约。哈蒙便说道：“其实在佛来堡时，我一点学问也没有学回来，我尽顾着实地工作，多挣点钱，多积累点实际经验了。”

哈斯托立即哈哈大笑，连忙说：“好!这很好!我就需要你这样的人，那么，你明天就来上班吧!”

在有些情况下，别人所争论不休的论点，对自己来讲反而不那么重要。比如，哈蒙从哈斯托口中得来的偏见，这时，我们所需要的不是去斤斤计较，而是尊重他的意见，维护他的“自尊心”而已。

别人的观点并不尽然就是对的，但是你却不能为了让对方同意你就争论起来，接受不同的意见存在，甚至做一点小小的妥协，这样做才会对你有益。

也就是说，即使你是掌握真理的那个人，也不能压制不同的声音，因为那样的局面是没有前途的。一个人如果能对你提出意见和建议，说明他是对你有关注的，你应该做的就是给予这个人最起码的尊重，然后在不触及原则的基础上做出小小的让步。

## 7. 尝试着宽恕你的敌人

**敌人是前进的坐标，他们砥砺了我们强大的内心、淬炼了我们深邃的思想。宽恕敌人，其实是放过自己，这会增加我们的人生高度。**

人生没有永恒的敌人，不要把宝贵的生命浪费在想自己的仇人上，适当的时候，你应该学会尝试着宽恕自己的敌人。

说起仇敌，很多人都磨刀霍霍，恨之入骨，对手使你不安，敌人使你愤恨。你总想能够给对手以报复而后快，这样的人只能永远活在仇恨里，不能得到根本的救赎。报复，给自己的伤害，比给敌人的还要多，所以能够原谅你的仇人，你就能够得到一份健康和成功的可能。

对仇人的报复心理使你内心维持着一窝愤怒和狭隘。说些愤怒不止的话，长期性的高血压和心脏病就会如影随形，伴你度过痛苦的一生。内心的怒气充满心间，报复充溢四肢，那么你就会缺乏对理想的挚着与追求，事业成功将会遥遥无期。

1918年7月18日，纳尔逊·罗利赫拉赫拉·曼德拉出生在南非特兰斯凯一个部落酋长的家庭。他从小性格刚强，崇拜民族英雄，长大后不愿意以长子的身份继任酋长。从1944年参加主张非暴力斗争的南非洲人国民大会后，为反对种族主义，建立平等、自由的新南非进行了不懈的斗争。

1961年2月，南非政府以“煽动”、“越境”、“企图以暴力推翻政府”等罪名，拘捕并将他关押。曼德拉在大西洋的罗本小岛度过了27年的铁窗生涯。当时在监狱看守过他的有三个人，他们曾对曼德拉实施了各种各样的虐待。

1990年，南非政府在外界的压力下，无条件释放了曼德拉。1991年，非国大赢得了南非大选，曼德拉作为非国大的主席，当选为南非第一位黑人总统。

在就职典礼上，曼德拉先是起身致词欢迎来宾，接着他依次介绍了亲临他受典礼的各国政要，一一感谢他们的到来。然后他平静地说："能接待这么多的尊贵的客人，我深感荣幸！使我最高兴的事，当初在罗本岛看守我的三名狱警也能到场。"随即他请三位狱警起身，并把他们介绍给了大家，还恭敬地向看守过他的三名狱警致敬。

曼德拉的这一出人意料的举动让在场的所有人肃然起敬。当媒体向世界报道这一动人场景的时候，五大洲的人们无不为曼德拉的博大胸襟和宽容品德深深感动。

1993年，曼德拉获得了诺贝尔和平奖。1999年12月，曼德拉卸下总统一职。此后，他虽然已届耄耋，但身健体康，仍在世界舞台上为和平、文明和进步而不懈奔波。当有人询问其原动力的时候，曼德拉回答说，那就是人所应该具备的一颗博爱之心。

学会宽恕你的敌人，才能获得别人的尊重和赞赏；不把仇恨埋在心里，才能收获健康的人生。《圣经》里说，"为你的仇敌而怒火中烧，烧伤的是你自己"。所以我们应该爱自己的仇人，善待仇敌，尝试着宽恕伤害自己的人，才能不必一生都活在仇恨里。为了保持一个健康的心灵和体魄，为了实现你的成功和报负，学会原谅你的仇人吧！

一个虔诚的基督教徒，曾为他的信仰而争辩，但是后来他发现争辩是没有任何好处的："别人强加于我的不公都是想让我愤怒，我为什么要破坏主给我的平静。所以，主告诉我，平淡地对待仇恨和不公，心灵会升上天堂。"

"如果有可能的话，不应该对任何人有怨恨的心理。"德国哲学家叔本华也如是说。少用仇视的态度对待对方，能够缓和你与对手的关系，从而建立互相尊重的友谊。美国竞选，对手之间相互攻讦，甚至败坏对手的名声，但仍可在对手所组内阁中担任重要职务，对如何与人共处不能不说是一种启示。能够与你成为对手的人，必定有着与你能够分庭拒抗的能力和实力，你能原谅你的仇人，将你的仇人招至麾下，为你效力，不是更利于实现你的目标吗?由林肯委责而居于高位的人，很多都是曾批评或者羞辱过他的政治对手，于是林肯得以统一了全美。

可是，如果你用报复和仇视对待对手，你会招至一个什么样的局面呢?你将使敌手更坚定地站在你的对立面，去阻挠、破坏你的行动，破坏你创造的一切成果。而你，也会因为心中充斥报复的愤怒无暇他顾，你的理想和目标又如何能实现呢?

## 8. 患得患失的人不得安宁

**太阳每天都要升起，不必计较昨天的风雨，也不必担忧未来的暗流。只要把握好现在的自己，其实就赢得了明天的奖赏。**

有些人注重自己的修养，悲哀和欢乐都不容易让他受到影响，这样的人知道世事艰难，无可奈何的时候能安于现状，顺应自然。然而有些人却患得患失，害怕失去已经得到的，终日忧心忡忡。

这样一味地担心得失，斤斤计较的人，就是给自己的精神上了一道枷锁，这样的人无论做什么事都喜欢反复思量，下了决定之后又放心不下，即使对方方面面考虑得尽量周到，但是一旦出现什么不妥，就很担心把事情办砸，担心别人对自己的看法。被笼罩在患得患失阴影里，内心没有一分安宁。

在生活和工作中，有些人总是牵挂太多，所以情绪起伏。这样被负面情绪牵着鼻子走的人，不可能活出洒脱的境界。爱默生曾经解释过什么叫做成功："笑口常开；赢得智者的尊重和孩子的热爱；获得评论家真诚的赞赏，并容忍朋友的出卖；欣赏美的事物；发掘别人的优点；留给世界一些美好，无论是一位健康的孩子、一个小园地或一个获得改善的社会现状都可以；知道至少一人因为你的存在而过得更快乐自在，这就是成功。"

不难发现，爱默生所讲的成功，是告诉人们要有一颗平静的心，有一份为他人服务的热情，还有一种不斤斤计较的心态，淡然地面对得失，坦然地接受每一次成功或者失败，才能超脱物我，找到生命的真谛。

人生中的每个时刻，没有必要以太强的谁对谁错，谁好谁坏来对待。每一分钟，随时都会有意想不到的事情发生，面对得失和失败，不同的人会有不同的态度，人生难免会有两难的抉择，但是对于那些唯恐得失的人，外在的束缚不是决定性的，说到底在于自己内心的那个"心魔"。

有时候，我们总是想要拥有很多自己想要的东西，但是一个人的时间、精力、体力毕竟是有限的，要想做好一切得到一切是不可能的。有些事，别人行，并不一定你也行，就算昨天行也未必今天还行。太在乎一些事情，反而不能平静地生活。

太患得患失的人，你给他十美元，他会想你肯定是有一千美元；公司发工资，他会把工资单翻个底朝天，生怕谁多拿了半美分；同事聚会如果少了他，他会担心人们是故意避开他在搞什么鬼名堂。

猎人怎样抓住机灵淘气的猴子呢？他们在岩石上凿一个口很小的洞，里面放上猴子爱吃的花生，猴子把手伸进去，抓了满满一把花生，怎么也拿不出来，舍不得放弃那么多的花生，这时猎人就把猴子抓住了。

所以，你在生活中也要考虑清楚抓什么、放什么，考虑要什么、放弃什么。如果什么都想要，最后你什么都要不到。但是，如果你考虑得时间太多，过分犹豫不决，你会贻误许多机会，别人也会认为你缺乏个性。有的人在取得一些成功之后，原来挺足的信心好像不够用了，开始怀疑自己的能力，担心这个担心那个，最后你会发现，其实也没什么了不起的。尤其是你果断地行动之后，你会发现你多虑了。

要走出患得患失的阴影，不被忧郁的情绪打扰，最重要的是保持良好的心态。为此，需要做好下面几点：

首先，要学会比较，通过比较得到良好的心境。正确的乐观的比较应该是与自己比，把自己的今天和自己的过去比。只要努力过，且通过努力进步了，收获了，即使别人已达到小康，你才是温饱，别人已有了金条，你还囊中羞涩，也丝毫不应自惭形秽，因为每个人的基础不一样，条件不一样，经历也不一样。同样一双手，十个指头哪能一般齐呢？

其次，人的一生不求利，不求名，只求有个真实的自己，走自己的路，就不会被患得患失所困扰。事实上人生不可能没有忧愁，问题是我们不能因患得患失给自己无端地平添几分愁。走自己的路吧，不管别人如何评说，我们的人生就会充实、快乐、潇洒。

最后，要学会淡泊名和利。人生苦短，名利有如过眼烟云。人不可缺乏进取心和奋斗精神，但一味地追名逐利反而会得不偿失。人，最值钱的东西是生命而不是名利。

当你感到紧张时，进行深呼吸，直至心情平静下来。人在紧张时，大脑缺氧，指挥失灵，很容易失误，进行深呼吸，可给大脑充氧，有利于保持冷静。当你担心做不好或说不好时，就在心里暗暗给自己打气：“怕什么，我一定能行。”当你这样说时，勇气会渐渐充满全身，也不会再为得到或失去而介怀。

## 9. 受挫的时候说声“不要紧”

**从一个普通人，到屹立于人群中的大人物，必然要经历更多磨难和挫折，这样才会有千锤百炼的强者心魄。**

在现实生活中，常看到这样的人，他们常因自己生活中扮演角色的卑微而否定自己的智慧，有时甚至因被人歧视而消沉，因不被赏识而苦恼。其实造物主常把高贵的灵魂赋予卑贱的肉体。就像人们在日常生活中，总是把贵重的东西藏在家中最不起眼的地方一样。

其实，人的一生就是不断地在挫折中奋战，逐步战胜挫折，萌生希望现实理想，走向幸福彼岸的过程。当走在逆境中，遇到挫折的时候，对自己说声“不要紧”，掸掉身上的灰尘，斗志昂扬地继续前进，这样的人生怎么不是成功的人生呢？

有人说：“在最黑暗的土地上生长着最娇艳的花朵，那些最伟岸挺拔的树总是在最陡峭的岩石中扎根，昂首向天。”人们所经历的每一次不幸并非都是灾难，早年的逆境通常对于人生来说是一种幸运。与困难作斗争不仅磨破了我们稚嫩的双手，也为日后更为激烈的竞争准备了丰富的经验。

在父亲的带领下，一个小男孩去参观梵高的故居。在看过梵高遗物那种旧式的小木床及裂了口的皮鞋之后，小男孩问：“梵高是不是一位百万富翁？”父亲答：“梵高是一位连妻子都没娶上的穷人。”

一年之后，这位父亲又带小男孩去丹麦参观安徒生的故居，小男孩又困惑地问：爸爸，安徒生不是生活在皇宫里吗？父亲答：安徒生是个鞋匠的儿子，他就生活在这栋阁楼里。

这位父亲是一个水手，他每年往返于大西洋各个港口。这个小男孩就是美国历史上第一位获普利策奖的黑人记者伊尔·布拉格。

20年过去了，布拉格在回忆童年时说："那时我们家真的很穷，父母都靠出卖苦力为生。有很长一段时间，我一直认为像我们这样地位卑微的黑人是不可能有什么出息的。好在父亲让我认识了梵高和安徒生，这两个人告诉我，上帝没有这个意思。造化有时会把它的宠儿放在普通人中间，让他们从事着卑微的职业，使他们远离金钱、权力和荣誉，可是在某个有意义、有价值的领域中却让他们脱颖而出。"

遇到挫折时，你可以想想比自己更为不幸的人，这样，自己的一点苦难又算得了什么呢？当你发现双目失明的海伦•凯勒，你的一点点不幸是那么微不足道，你的挫折情绪很快就会烟消云散。挫折并不可怕，关键在于如何面对挫折。

人生在世，有许多使我们的平和心情和快乐受到威胁的事情，实际上细想开来，是不要紧的，或者不像我们所想象的那样严重。

或许你会因一时的疏忽漏做一道考题，或许你因无意的举动而受到一次批评，或许你会因偶尔的闪失而错过一次机会，每当此时，请你悄悄地对自己说："不要紧。"

初恋的情侣离你而去，不要紧，你仍可以在这个世界活下去，心爱的人总会来到你身旁；领导对你持有偏见，不要紧，你仍可以在这里待下去，总会有一天他会全面地了解你……偶尔的闪失，也不过是美中不足，仅是十指中的一指。

朋友，当你因为挫折而失落时，请你对自己说一声：不要紧。一个人，在生命的长河里搏击，总会有许多不如意之事，许多威胁我们健康情绪的事是无关紧要的。生命是由多数的必然和个别的偶然组成的，只要我们能把握必然，就能驾驭命运的契机，使其沿着应有的轨迹运行。如果对那些无关紧要的事太介意，你就会被生活所压倒，由无数个必然构筑起来的世界反倒会因此而倒塌。

## 八、克制心：避免与他人发生无谓的冲突

懂得克制的人，其实已经具备了掌控局面的本事。能够减少与他人的冲突，自然会增加合作的机会，从而顺利推进目标的实现。

## 1. 不因放纵失去理智

**一个人要成就大的事业，不能随心所欲、感情用事，而是理当对自己的言行应有所克制，这样才能使错误、缺点得到抑制，不致铸成大错。**

歌德说："谁不能克制自己，他就永远是个奴隶。"我们的生活就在不断诠释这个道理——善于克制自己，才有可能走向成功，拥有完美无憾的人生。而克制不住激情和欲望的魔力，被它们所牵制，扬其波逐其流，难以成就事业，甚至走向自取灭亡的可悲境地。

人之区别于动物很重要的一点就是人有克制力。这种克制力大大超出了动物的本性。在很多时候，人与人的差别，正是体现在克制力上。如果能约束自己的行为，就能依赖自律的强大得到别人所不能得到的。

一个人是否能检点自己的言行，在平时表现得最真切。缺乏自律这种优良品质的人，容易使自己屈从于欲望。在知识与思想上，容易随波逐流，盲目跟从某些浅薄无知的人。如果一个人没有勇气去克制日常生活中的欲望，就很容易在放纵自己中迷失方向。

世间的法律，约束的只是人们外在的行为，却无法防患于未然，我们不能沦为教条和法律的奴隶。人们内心要有自己的主张和法则，切不可随意放纵自己的行为，失去自我命运的主宰。

## 淡定的人生不纠结

一个商人需要一个小伙计，他在商店的窗户上贴了一张独特的广告：“招聘：一个能自我克制的男士。每星期40美元，合适者可以拿60美元。”“自我克制”这个术语引起了争论，自然也引来了众多求职者。

每个求职者都要经过一个特别的考试。卡特也来应聘，他忐忑地等待着，终于，该他出场了。

“能阅读吗？”

“能，先生。”

“你能读一读这一段吗？”他把一张报纸放在卡特的面前。

“可以，先生。”

“你能一刻不停顿地朗读吗？”

“可以，先生。”

“很好，跟我来。”商人把卡特带到他的私人办公室，然后把门关上。他把这张报纸送到卡特手上，上面印着卡特答应不停顿地读完的那一段文字。

阅读刚一开始，商人就放出6只可爱的小狗，小狗跑到卡特的脚边。许多应聘者都因经受不住诱惑要看看美丽的小狗，视线离开了阅读材料，因此而被淘汰。但是，卡特始终没有忘记自己的角色，在排在他前面的70个人失败之后，他不受诱惑一口气读完了材料。

商人很高兴，他问卡特：“你在读书的时候没有注意到你脚边的小狗吗？”

卡特答道：“对，先生。”

“我想你应该知道它们的存在，对吗？”

“对，先生。”

“那么，为什么你不看一看它们？”

“因为我告诉过你我要不停顿地读完这一段。”

“你总是遵守你的诺言吗？”

“的确是，我总是努力地去做，先生。”

商人在办公室里来回走着，突然高兴地说道：“你就是我想要的人。”

对任何人来说，产生放纵之心而失去理智都很正常。但是，为了达成目标，我们在做事的时候又不能由着自己的性子。于是，在人的灵魂和肉体里，便多出一种不可或缺的主宰力量——克制力。卡特因为自己良好的克制力赢得了工作的机会，这就足以告诉我们克制自己是一件多么重要的事情，理智是一件多么宝贵的东西。

每个人在走向成功的道路上，都可能遇到形形色色的诱惑，闪现出本能的贪欲。如何消除贪欲的心，免去贪欲带来的坏处呢？唯有克制，才能守住理智的底线。因为放纵的开始来自贪欲，而放纵的结果则通常是在狱中结束美好的人生。

人的欲望是没有极限的，所以克制自己并不是一件容易的事，只有时刻怀有律己的心态，常常思考贪婪的坏处，才能克制欲望的纷扰，不至于过分放纵。

当你生气或难过的时候，你可以选择离开，然后去做你喜欢的运动，让自己冷静下来并且有发泄的机会。当你冷静下来的时候，头脑比较清醒，到时候再来慢慢去处理自己的情绪，记得要好好去处理而不是逃避或搁置在一旁。而不是任由自己发脾气，因为那样你只会把身边的人全部得罪。

有时候情绪的到来是因为我们的负面想法所造成的，所以当有情绪的时候，我们可以试试看转换一下自己的想法，多做一些正面的思考，这样或许就可以减少自我放纵的机会，不让盲目与混乱成为生活的主题。

## 2. 以理解的眼光看别人

**把自己放在很高的位置，对他人指手画脚，无助于我们真正理解身边的人和事。高高在上固然风光无限，却让自己视野变得很狭小。**

在日常交际中，能够理解别人无疑能够提高和人交往的质量，避免很多矛盾。而如果能在和别人相处的过程中换位思考的话，就能理解别人的感受和想法，站在对方的立场来看事，人际关系自然能够处理好。

所谓“换位思考”，其实是一件很简单的事。曾经有一个心理学家为了研究婴儿为什么在人多的场合容易哭，就蹲下来从婴儿的位置来看世界。他发现婴儿没有办法看到别人的脸，只能看到大家的腿。这时候，他才知道婴儿处在一个只有腿的世界，怎么能不哭呢？

同理，当和别人产生分歧或者争执的时候，如果心里气愤，不妨换一个角度设身处地地为别人想一想，从理解对方的角度出发：如果你碰到这种情况，会怎么想，怎么做呢？这样一来，就可以尽可能地理解别人，也可以调节自己不开心的情绪，有利于自己的身心健康，也有利于自己的人际关系培养。

理解的力量到底有多大，让我给你讲两个小故事，你就能很好地体会到了。

故事一：

屠格涅夫在一次外出散步时碰到一个穷人向他乞讨，他在衣袋里摸了半天，然后抱歉地说："兄弟啊，实在对不起，我没带吃的东西，钱包也丢在家里了。"乞丐突然紧紧地抓住屠格涅夫的手，一个劲儿地说："谢谢你，谢谢你，太谢谢你了！"屠格涅夫奇怪地说："你谢我什么呢，我什么也没有给你啊。"乞丐激动地说："我本想找点东西吃然后去自杀，没想到你竟然称我为兄弟！还向我表示歉意，您给了我活下去的勇气。"

正是来自屠格涅夫的理解，才让这个乞丐有了继续活下去的勇气，这就是理解的伟大之处。

故事二：

第一次世界大战以前，德国的名宰相俾斯麦与国王威廉一世是对有名的搭档。德国当时那么强盛，不但是俾斯麦这个首相的功劳，同时也因为有一个宽容大度的好国王。

威廉一世回到后宫中，经常气得乱砸东西，摔茶杯，有时连一些珍贵的器皿都砸坏了。

王后问他："你又受了俾斯麦那个老头子的气？"

威廉一世说："对呀！"

王后说："你为什么老是要受他的气呢？"

威廉一世说："你不懂。他是首相，一人之下，万人之上。下面那许多人的气，他都要受。他受了气哪里出？只好往我身上出啊！我当皇帝的又往哪里出呢？只好摔茶杯啦！"

威廉一世能够理解和包容的心对待俾斯麦，这就不难理解他为什么能够成功。而这也是德国在那时候能够那么强盛的一个重要原因。

一个智者曾经对一位少年说过四句话，对人生具有很重要的指导作用，这四句话就是"把自己当成别人，把别人当成自己，把别人当成别人，把自己当成自己"，这四句话中的第一句和第二句讲的就是人和人之间要能相互体谅，在把自己当成别人的同时也要把别人当成自己。这实际上就是一种换位思考，就是一种理解的态度。

我们要以理解的眼光看别人，懂得大千世界是五彩缤纷的，人也是各种各样的。别人不可能完全同我们有一样的志趣，我们不能按内心意愿要求别人，每个人都有自己的个性和特点、有不同的长处和短处，认清这一点就容易压制愤怒的怒火，减少无谓的冲突。

比如，在给别人提建议的时候，给对方建设性的意见，要求现实、准确，而不是给他“上一课”。就事论事，不跑题，不要给对方下结论，要知道，任何人都不希望别人对他说“你就是这样的一个货色，没救了”。强硬的建议通常会伤害别人，使他产生抵触心理，无法建立对话，受挫的对方甚至会产生报复心理，而无辜的你还一直以为你对人家好，人家该心存感激。

对于别人的苦衷要能够体谅，对自己的行为也要站在别人的角度来考虑。在现实生活里，人人都有自己的利益，所以每个人都会忍不住从自己的角度看问题，立场自然就有所不同，因此就常常会发生矛盾。越是有矛盾，就越难以相互理解。如果能跳出只为自己考虑的思维模式，多为他人着想，多理解他人，就会发现另外一个不同的世界，也会发现一个公平的世界。

## 3. 多反省自己，少怪罪别人

**严格要求自己，不去埋怨他人，会让自己变得更完美，并建立好人缘。**

反省自己，就是“自省”，自我检查，这是认识自己的开端。对一个人来说，自省是促使自己获得继续进步的动力，不断完善自己的有效方法。比如，如果你生病了，你需要做的就是去医院检查身体，找出病因，然后对症下药，进行治疗，这样才能恢复健康。假如只是怨天尤人，抱怨自己命运不好，而耽误治疗，那么即使是小毛病也终究会酿成大病。

生活中不乏这样的人，遇到挫折的时候，就会把责任怪罪到别人头上，仿佛一切错误都是别人造成的，如果只有自己做的话事情就不会搞得那么糟。这样的人只会埋怨别人，从不在自己身上找原因，其结果就是人际关系搞僵，事情还是不能独立完成。

爱抱怨者，可能很难意识到：很多抱怨都是他们自己一手造成的！你的工作没做好，上司自然会找你麻烦；你不注意减肥，当然没有适合你的衣服；你不看天气预报，被雨淋了又能怪谁？所以当你试图抱怨的时候，不妨先从自己身上找找原因。我们要像天天洗脸，天天扫地那样天天自省。洗脸、扫地是为了保持表面的干净，而自省却是为了驱除心灵上的灰尘，保持内心灵魂的洁净。了解自身的缺陷和不足，分析问题的症结所在并且对症下药，才能达到心理上的健康和完善。

人的一生总会遇到这样那样的挫折，遇到挫折后无论怎么责怪别人，最终都是徒劳无益的，不仅得罪了朋友，还不能很好地总结经验。应该控制自己无谓的愤怒，反过来多问问自己，总结自己，反省自己，检讨自己，这才是最明智正确的态度。

一位公司经理近来不走运，原本蒸蒸日上的业务突然间急剧下滑，公司里多年来一直忠心耿耿跟随他左右的两个业务副总管选择了离开，甚至“跳槽”到竞争对手的公司去了。

在内外交困之中，这位经理并没有认真、及时反省自己，反而一味地责怪过去的战友背叛了自己，沉湎于愤怒和伤心之中，不再相信别人，动不动就发脾气，结果是恶性循环，整个公司上下人心涣散，陷入了更大的困境。

其实，公司经营上出现了问题，老总理所当然首先不可推卸自己的失误，如果把所有的过错归咎于他人，那么必将面对更大的危险。

怨天尤人其实是一种懦弱，是一种不成熟的表现，掩盖了自己不能面对的现实，还留下了将来可能重蹈覆辙的隐患。强者并不是一个一帆风顺的幸运儿，必然要经历各种痛苦和挑战，战胜困难的人首先必须战胜自己，反省自身。

反省自己是一种解脱。我们不肯认错无非是顾及自己的面子，不肯承认自己的失败。事实上这个世界上从来就没有常胜将军，而自我的包袱和面子在勇敢地承认自己失误之时就已经悄然放下了，你会因此变得轻松。所谓“吃一堑，长一智”，善于总结自己就会把失败的教训变成自己的财富。

反省自己是一种力量，习惯于责怪他人的人迟早招致怨恨，一个勇于律己的人会因此有包容整个世界的力量，让所有人钦佩其风度并乐于交往。

失败了，出问题了，首先要做的就是从自己身上找原因，如果自己有不对的地方，不能把责任推给别人或者其他客观因素。如果不能发现自己的错误、不足和过失，这次失败后还有下一次，这种麻烦永无止境。

只要时常进行自我反省，就能发现自己的缺陷，并且加以改正，从而使自己不断得到提升。能够做到自省的人，一般来说过错都非常少，因为这样的人时时会考虑：我到底有多少力量？我到底能干多少事？我应该首先做什么？我有什么缺点？我为什么这次失败了或成功了？这样能轻而易举发现自己的优缺点，为以后解决类似的难题打下良好的基础。

## 4. 冲动的时候要踩急刹车

**冲动是魔鬼，它像烈焰一样会毁掉任何理性的智慧，最后让人损失惨重。**

冲动是一种最无力也最具破坏性的情绪，它给人带来的负面影响远远超过我们的想象。当一个人情绪波动较大或者压力较大的时候，仍然能做到冷静理智是一件很困难的事，同时这个时候也是最危险的时候，因为我们可能因为冲动丧失了最起码的分析和判断能力，很容易作出糟糕透顶的决策。

人在冲动的时候很容易丧失理智，而这个时候的决定往往是极端的，不合理的：我不想在这儿待下去了，随便哪条路，只要能走开就行，或者我受不了这种气了，先把气出了再说。

在种种冲动情绪的支配下，我们很容易作出后悔终生的事情来。所以，在情绪不好的时候，我们首先要做的就是刹住冲动的列车，控制住自己的情绪，平静下来。

愤怒就像是在喝酒，一旦你喝了第一杯，就会一杯接着一杯地喝下去，越喝越醉。愤怒就像酒瘾一样，让易怒的人控制不得，一旦陷入愤怒的情绪里就无法自拔。冲动、愤怒的危害是令人不可思议的。

阿兰·马尔蒂是法国西南小城塔布的一名警察。这天晚上他身着便装来到市中心的一家烟草店门前，他准备到店里买包香烟。

这时候，店门外有一个叫埃里克的流浪汉向他讨烟抽。马尔蒂说他正要去买烟。埃里克认为马尔蒂买了烟后会给他一支。当马尔蒂走出来时，喝了不少酒的流浪汉缠着他索要烟。马尔蒂不给，于是两人发生了口角。

随着互相谩骂和嘲讽的升级，两个人的情绪逐渐激动。马尔蒂掏出了警官证和手铐，说："如果你不放老实点，我就给你一点颜色看看。"

埃里克反唇相讥："你这个混蛋警察，看你能把我怎么样？"

在言语的刺激下，两个人扭打成一团。

旁边的人赶紧把两个人分开，劝他们不要为了一支香烟而发那么大的火。被劝开后的流浪汉骂骂咧咧地向附近一条小路走去，他边走边喊："臭警察，有本事你来抓我啊！"

失去理智、愤怒不已的马尔蒂拔出枪，冲过去，朝埃里克连开四枪，埃里克倒在了血泊中……法庭以"故意杀人罪"对马尔蒂作出判决，他将服刑30年。

一个人死了，一个人坐了牢，起因是一支香烟，罪魁是失控、冲动的情绪。

我相信，很多人看到这个故事都会说"冲动是魔鬼"，既然是魔鬼，为什么还有那么多人铤而走险，做些让人不屑的事呢？如果不是因为冲动，谁也不会那么轻易就伸出罪恶之手，酿成无法挽回的血案。

这个世界上没有后悔药，当你把事情做过了再去后悔就已经来不及了，事后的捶胸顿足，即便是花上一生的时间来悔恨，也于事无补。

其实，使自己生气的事，一般都是触动了自己的尊严或切身利益，很难一下子冷静下来，所以当你察觉到自己的情绪非常激动，眼看控制不住时，可以及时转移注意力等方法自我放松，鼓励自己克制冲动的情绪。

在冲动的时候，对眼前的事重新判定，得出客观的认识，就会形成正确的决策。仍以上面这个例子来说，当你遇到别人的冒犯的时候，不妨想想："这个人的生活肯定很不幸，所以才有这么多的牢骚吧！"那么，你就不至于会发火了。心理学家们在经过调查后发现，"重新判断"的确是一种极为有效的控制不良情绪的方法。

空间距离的调整也不失为一个好方法。当我们对一件事或一个人忽然感到气愤而可能失去控制时，应该马上离去，正所谓“眼不见心不烦”。比如，你到商店去买东西，遇到售货小姐该理不理的态度，会渐渐的愤怒起来，为了避免冲动，这时不妨换一家商店。英国心理学家布洛认为，美感取决于人与审美对象之间的距离的远近。那么，恶感也是如此。

避免冲动还有一个良方是“坐下来”。实验表明，一个人在情绪激动时，血液中的甲肾上腺素的含量明显增高，这种血液成分会大大加快血液循环，使人活力倍增。于是，他就不甘于座位空间的限制。而当一个人全方位地舒展他的躯体和四肢以后，随着活动空间的大幅度扩展，他的血液循环又进一步得到加速的刺激，从而使争吵时所需要的生理能量获得阶段性的能量供应。发脾气是一种情绪发泄，在生理上依赖于一定的能量供应。如果我们能抑制自己的生理能量供应，怒火的程度与幅度也会随之下降。坐下来，之所以能成为息怒良方，其原因也就在此。

想象自己的嘴上贴了一个“密封胶带”，反复告诉自己当发怒的时候，千万别立刻发泄，否则就会“伤”了自己。冲动是人的弱点，而不是很多人认为的是一种勇气。不要动辄发怒，而是学会保持沉默，心灵真正的强大就是能够控制情感，而并非暴躁和敏感。

## 5. 尝试用努力战胜怒气

**与其愤怒，不如去努力改变自己。当你让自己变得更强大的时候，原来计较的一些东西也就毫无意义了。**

愤怒并不能帮助人解决任何问题。相反，无论在人际交往还是在自我身心健康上，愤怒可以使人情绪消沉，可以阻碍人们之间的情感交流；从生理学来讲，愤怒则可以导致高血压等疾病的产生。

生活中常常会不可避免地遇到这样的事情：有人兴冲冲地赴恋人的约会，却因交通堵塞而迟到；公共汽车上别人不小心踩了一脚；买东西时，服务员对人极不礼貌。这时，人往往会不由自主地感到愤怒。

也许有人会觉得愤怒只不过是人的一种情绪，甚至可以说是人的一种天性，至少发火比一个人独处生闷气要更加有益于身心的健康。但是我们必须注意的是，在事与愿违的情况下，并不是只能凭借愤怒就可以解决问题。其实，应该采取更好的办法——努力战胜怒气，用理解和幽默的方式处置问题，从而让自己保持一种克制的情绪状态。

美国南北战争时，陆军部长斯坦顿来到林肯的办公室，气呼呼地说，一位少将用侮辱的话指责他偏袒一些人。林肯建议斯坦顿写一封内容尖刻的信回敬那家伙。

“可以狠狠地骂他一顿。”林肯说。

斯坦顿立刻写了一封措辞强烈的信，然后拿给总统看。

“对了，对了。”林肯高声叫好，“要的就是这个！好好训他一顿，真写绝了，斯坦顿。”

但是当斯坦顿把信叠好装进信封里时，林肯却叫住他，问道：“你干什么？”

“寄出去呀。”斯坦顿有些摸不着头脑了。

“不要胡闹。”林肯大声说，“这封信不能发，快把它扔到炉子里去。凡是生气时写的信，我都是这么处理的。这封信写得好，写的时候你已经解了气，现在感觉好多了吧，那么就请你把它烧掉，再写第二封信吧。”

纽约电气大王爱特列治于怒不可遏时，也写信泄愤，一经写出，愤激的情绪，便立刻松弛下来，但这种泄愤的信，他常常把它留了下来，决不立刻发出，腾出一些时间来想一想，这将引起什么样的后果？

这个世界总是不以人们的意志为转移的。无论自己的愿望怎么好，想法如何正确，在大多数情况下，都必须按客观实际情况来办事。你可以不喜欢一个人，但这个人并不因为你不喜欢而不存在；你也可以对一些事情有异议，但它们不会因为你对这些事情存在异议而消失。由此可见，你必须要学会努力战胜怒气。

当你无法控制自己的怒气时，大发脾气后，不妨大声宣布说自己错了，这一声明迫使自己对自己的言行负责，而不是用愤怒表明立场。在即将动怒前，及时地转移自己的注意力，找一件轻松而有意义的事做一做、想一想，而后通过努力掌控新局面。

当和别人发生争执的时候，首先要做的就是降低自己说话的声音，因为声音对自身的感情能产生催化作用，声音大，愤怒起来的感情更为强烈。其次要放慢语速，因为融入个人感情后，语速就会变快，也很容易引起人的愤怒。再次，胸部要保持挺直，人在情绪激动的时候，语调激动，胸部也会前倾，会使人脸部更贴近对方，人为地造成紧张局面，保持直立的话，就能淡化紧张的气氛，也让自己不那么容易愤怒起来。

一旦不可控制地发生了争吵，切记不要毫无顾忌地说话，因为人在争吵的时候，就会失去最起码的理智，在这个时候讲道理和大声喊都是没有用的，最好的办法就是倾听别人的话，让别人把话说完，尽量控制自己，虚心诚恳，做到通情达理。

愤怒情绪的特点就在于它很短暂，气头过后，矛盾就容易解决了。当你很难说服对方的时候，就闭口倾听，这个时候对方会因为你对他的观点感兴趣，可能会削弱心头的怒火，气头一过，就能风平浪静了。

此外，发怒的时候，大脑皮层就会出现强烈的兴奋点，造成意识狭窄的情况，这个时候强制自己不听对方激烈的言辞，就能达到转移注意力的目的。

克制愤怒的最佳方法是加强修养，一旦冲动，内心估计一下后果，充分意识自己的责任，把自己的理性升华到理智和豁达的程度，这样就能控制自己的心境，缓解紧张的情绪。同时，合理的让步，不仅对事情的解决大有益处，也会赢得别人的尊重。

## 6. 深思熟虑后再做出反应

**正确的决策导致巨大成功，错误的决策是失败的根源。懂得深思熟虑，其实已经掌握了打开成功大门的钥匙。**

每一个成功的人都会把自己的情绪控制在一个范围之内，给自己足够的时间和空间思考，而不是盲目地做出反应。因为他们知道，任何一个决定或是反应都可能影响事情的成败，盲目做出的反应可能会有成功的可能性，但成功不是偶然，所以不要把成功寄希望于一个偶然的反应，只有经过深思熟虑才能最大程度地避免失败。

决策的重要性，怎么强调都不过分。遇事千万不要急躁不安、草率行事。在许多场合，如果你能多加考虑，你常常会发现解决这个问题还有更好的方法。一个成熟的人，思考的会更多、更全面。在对待问题时“三思而后行”，理智地做事，往往能收到理想的效果了。

有一天，小布鲁克的爸爸发现，他口袋里少了一张100美元，怎么也找不到。为此，他还和店里的员工吵了一架。

回到家以后，他发现在儿子的衣服口袋里有一张100美元，于是不容分说对着小布鲁克“啪！啪！”地打了两巴掌，并且生气地说：“这么小就会偷钱，害得我刚才还跟店员吵了一架。”

小布鲁克原本白白的两个小脸颊顿时红了起来，疼得哇哇嚎啕大哭。妈妈听到哭声，急忙跑来，问清原因后对爸爸说：“那一百美元是你昨天晚上喝醉了以后拿给布鲁克的，布鲁克不要，你就塞在了他的衣服口袋里。”

这时候，爸爸才意识到自己的鲁莽，不好意思地承认了自己的错误。可是，一切都晚了，布鲁克的嘴角出血了。到医院检查后，医生无情地告诉他们：“布鲁克的耳膜破裂，一个耳朵全聋，另一个耳朵半聋！”

布鲁克的爸爸几乎不敢相信，这么可爱的孩子居然聋了。他为自己粗鲁的“无心之过”懊悔不已，万分自责，他没想到自己因为一时冲动竟然毁了儿子的一生。

无辜的布鲁克为爸爸冲动的反应付出了代价，而爸爸也为自己过激的反应而承受一辈子的自责和内疚。如果爸爸能够多想想，或者问问妈妈，那儿子也就不会变成这样。一个人经过深思熟虑的反应更能给人成熟稳重的感觉，最重要的是，思考之后的反应更加能让你明白这样做有什么必要，是不是对的，会不会带来什么严重的后果？

只有深思熟虑的反应才能更大程度的避免悲剧的发生，避免任何一个不幸的降临。冲动不是一件好事，它就像是教唆你犯罪的恶魔，总有一天会让你跌入万劫不复的深渊。

情绪是一个很复杂和冲动的东西，很多时候，过度的冲动会让成功远离你。要想获得成功，如何做到深思熟虑就变得至关重要。

思考是人类进步的阶梯，也是个人进步的阶梯，脱离了思考，一定会遭受很大的损失。所以当我们遇到问题的时候，一定要首先思考，深思熟虑一番，充分利用自己的智慧来求得最大的利益。

要想做到深思熟虑，本身要加强自我思想的修养和文化知识的学习，从源头着手，把冲动扼杀在摇篮里。一个人的知识越丰富，那么他的道德自我意识就越完善，克制情绪冲动的能力也就越强。多读书，读好书，不断用知识充实自己的头脑，使自己认识问题更加深刻，处理问题更加理智。

要做到深思熟虑还要学会克制自己，很多时候，很多事情并不需要你马上做出反应，记住，给自己多一些时间思考，把愤怒化解，把误会揭开，把可能伤害到人的事情避免，这才是成功之道。

深思熟虑还要多想想冲动之后的后果，当你就要破口大骂的时候，想想这样做以后会给自己带来什么后果，也许你这样一个思考就改变了你的前途。忍耐并不是懦弱，而是在寻找更好的方法解决问题。

忍一时风平浪静，忍不是你不够勇敢，更多的是表现你的成熟。只有成熟的人才能做到深思熟虑，只有成熟的人才会得到更多的人的信任，也只有成熟的人才能获得成功。深思熟虑做出的反应能给成功提供一个安全的保证，避免了失败的侵扰。

## 7. 学会抛弃固有的偏见

**偏见导致傲慢无礼，也会损伤你与他人的关系。放下错误的观点，客观评价人和事，正确决策的几率就会大大增加。**

偏见之于正见，二者互相伴随，有时候还会纠缠在一起，不好甄别。

摆脱偏见最好的武器就是包容，包容是火，会用它的热量将像盐料一般聚结的偏见溶化在水里，使得正见得以重见天日。

哈兹立特有句话：“偏见是无知的孩子。”说得一点都不错，整天抱着自己偏见的人不会有太大的进步，不会获得成功，真正成功的人不会总是以自己的意愿去看待或是设想别人。

失败在很多时候，并不是因为技不如人，并不是我们不具备成功的实力，而是我们在很多时候，在心理上默认了一种固定不变的看法，这种看法往往会让人们觉得自己根本就不可能实现某个目标，这种看法也在很大程度上囚禁了人的思想，同时囚禁了人们创新的脚步。

经理对汤姆的偏见，从还没见到他的时候就已经开始了。那天，人力资源部主管说新来的同事是一个普通院校的毕业生。经理心里当时就不高兴：研发部前几天新进的可都是名牌大学的毕业生，怎么就给我派一个这样的人啊？

因为有偏见，见了面又看汤姆其貌不扬的样子，经理在心里断定汤姆是个资质平平的人，于是很多重要的工作都不愿意交给他去做。

一次，公司要参加一个大型工程的投标，要求研发部在很短的时间里做好有关的数据统计。当时正值盛夏，天气燥热，整个部门的人连续加了三天班，才在领导要求的时间把统计好的数据做好。这个时候，经理就让汤姆把数据交给上层主管，谁知道才过了一会，汤姆就回来了，他告诉经理，这个数据有问题，经理一听就生气了：“你懂什么啊，我亲自做好的怎么会有错。”

汤姆战战兢兢地说：“你看看这里。”经理顺着汤姆指的地方看去，真的发现那个数据有问题。顿时，经理发现汤姆并不是什么都不会，因为这个数据没有一定水平的人是看不出错误来的。为了准时交出这份数据，经理让汤姆一起来做，结果一个小时后他就做好了。经理一再核对，没有问题了，才放心地交了上去。

经理这才发现，汤姆其实具有很高的水平，同时他也为自己先前的偏见和刻薄而深深地自责。

很多时候，我们不喜欢某个人，并不是对方真的糟糕，而是我们的内心存在着偏见。但是别人的灵魂不会因为我们的渺视而贬值，也不会因为他人的恭维而崇高，偏见只会让持有者显得狭隘和卑微。所以，当你没有完全了解一个人的时候，最好不要用自己固有的偏见去看待别人，因为你的不屑，或许会使你失去一个结交朋友的机会。

一个偏见较少的人，错误自然会少一些，成功的机会也会多一些。因此，学会怎样宽容才是战胜偏见最好的办法。那么对于一个人来说，怎么做才算是宽容呢？

第一，要宽容就要学会忘却。人人都有痛苦，都有伤疤，动辄去揭，便添新创，旧痕新伤难愈合。忘记昨天的是非，忘记别人先前对自己的指责和谩骂，才能有快乐的生活，美丽的心情。

第二，要宽容就要学会不计较。每个人都有错误，如果总是执着于别人犯的错误，那么不信任、耿耿于怀这些包袱就限制了自己的思维，也限制了自己获得成功的时机。

第三，要宽容就要学会洒脱。宽厚待人，容纳非议，乃事业成功、家庭幸福美满之道。事事斤斤计较、患得患失，活得也累，难得人世走一遭，洒脱最重要。

第四，要宽容就要学会不勉强。任何的想法都有其来由，任何的动机都有一定的诱因。即使是不一样的想法你也应该学会不勉强别人和你一致。很多成功的创意都是来自于思想的碰撞，只有消除阻碍和对抗才是提高效率的唯一方法。任何人都有自己对人生的看法和体会，我们要尊重他们的知识和体验，积极吸取其中的精华，做好扬弃。

第五，要宽容就要会忍让。同伴的批评、朋友的误解，过多的争辩和“反击”实不足取，唯有冷静、忍耐、谅解最重要。相信这句名言：“宽容是在荆棘丛中长出来的谷粒。”能退一步，天地自然宽。

第六，宽容也是需要技巧的。宽容并不是嘴上说说，而是在别人犯错的时候能多给一次机会。给一次机会并不是纵容，而是一种信任，一种宽厚的表现。人不能因为一次错误就永不翻身，给他们多一点机会，也就为自己的宽容种下一粒种子，总有一天会开花结果的。

偏见犹如一堵墙，执有偏见的人只看到墙，而看不到墙那边还有土地、鲜花以及河流，却总是固执地说：“墙上怎么会有花朵和河流！”放弃现偏见才能看到美丽，看到希望，看到别人的笑脸，也才能然心情释然，轻松上路。

## 8. 不必为受到批评而纠结不忘

**凡是遭到的批评，都是对自己的某些作为的否定和阻止。既然每个人都不是完美的、全能的，那么，我们看待批评就应看做是对我们的帮助，而不应看做是伤害而念念不忘。**

生活中，总是会遇到各种各样的批评，这是无法避免的。恶意的批评和中伤足以令每个人愤怒和不悦，甚至给一些人的生活带来了极大的困扰。但是，要想活得快乐，处理好人际关系，在批评面前你就一定要记住，不管是什么事情，只要尽力做到问心无愧就够了，对于无谓的抱怨与批评，能够一笑而过是再好不过的。

我相信，没有一个人会觉得自己是一个十全十美的人，因为不管是谁，都不可能是完美的。既然你不可能成为完美的人，那么就一定会犯下或大或小的错误，而犯了错误很可能会受到责问。生活里很多人被来自别人的批评弄得烦恼不已，却不知道忽略这些批评才是正确的选择，因为，这些批评实在是微不足道的。

一次，卡耐基去采访英国海军陆战队最足智多谋、充满传奇色彩的少将——巴特勒少将。他对卡耐基说，年轻时他急切渴望成名，希望给每个人留下好印象。那时，稍微有一点批评都会令他心里很难过。

不过30年的海军陆战队生活使他豁达多了。他曾被人骂得像条狗、蛇或臭鼬，还曾被诅咒专家诅咒过。所有英文词汇中最难听的词，他都被人骂过，现在不听到骂声反而不受用了。

巴特勒对批评的态度可能太过敷衍了，不过我们多数人却又过分重视了。其实生活中没有人真正关心别人的事，因为人们一心只关心自己——从早上醒来到晚上睡觉，他们关注自己轻微的身体不适，都会重于关注你我的死讯。

即使有人捉弄我们，出卖我们，从背后捅刀子，也不要坠入唉声叹气的深渊。相反，那正好可以提醒我们，提防那些别有用心的人。发生在耶稣身上的不幸比我们遇到的严重多了，他的十二位最亲近的门徒中有一位竟为了区区30个金币就背叛了耶稣。另一个门徒三次公开声明他不认识耶稣——甚至为此发誓。十二位门徒中有两个人背叛了他，既然连耶稣的遭遇都这样，你我凭什么期望得到更好的待遇？

事实上，既然不公的批评避之不及，至少我们可以做些更重要更有意义的事——让自己尽量免受批评造成的干扰。我要说明的是，我并非提倡忽视所有的批评，而仅仅是不理会恶意的刁难。

罗斯福总统夫人——可算得上是拥有朋友最多，敌手也最多的前总统夫人了。她说，少女时代的她曾经非常害羞，担心人们的恶言恶语，害怕别人的批评。有一天她向罗斯福总统的姐姐请教，她问：“我想做这样那样的事，可是又怕受人指责。”罗斯福总统的姐姐凝视着罗斯福夫人，对她说：“只要你相信自己问心无愧，就不要在意别人的看法。”

罗斯福夫人说，在白宫中，那句话一直是她的精神支柱。她说：“做你问心无愧的事——因为反正会受到批评的。做某些事被骂，什么都不做也可能被骂。结果都一样。”这就是她的建议。

不要把别人的批评放在心上，主要是指那些恶意的批评。至于那些善意的，并且对我们大有帮助的批评，应该虚心地接受，并积极改进，只有这样，才能使我们快速地成熟起来。

## 九、责任心：勇于负责才能融入社会

记住：在这个世界上，有才华的人很多，但是既有才华又有责任感的人却不多。只有责任和能力共有的人，才是社会最需要的，才能攀上更多高峰。

## 1. 强者承担责任，弱者逃避责任

**承担责任需要付出太多，不过在勇于担当的同时，你也会得到他人的信任，训练出色的办事能力。**

大凡有大成就的人，都有一个共同的特点，那就是强烈的责任感。正因为这种责任感，他们的能力不断提高，平台也不断扩大。具备担当意识和责任感的人，必然会在工作中获得更多的发展机会。

责任是分内应该做的事情，也就是去承担应该承担的责任，完成应该完成的任务，做好应当做好的工作。在工作中是这样，而在日常交际中，也要勇于承担责任，因为敢于承担责任的人更能获得别人的信任，才能构建良好的人际关系。

作为企业的一员，要想让你的上司赏识你，重用你，就必须想办法让他信任你，而要想让领导信任自己就必须勇于负责，为你的上司解决让他头疼的事情，面对任何问题都能做到冷静、完美地处理，这样才能给领导留下深刻的印象，再有提升的机会领导自然是留给你的。

在很多企业，推卸责任的场景经常上演："现在是午休时间，你还是试试晚点再打过来吧！""哦，那不是我的工作啊！""我现在很忙，你还是找别人帮忙吧！"等等，这样的话，只是推脱责任的说辞，因为大多数人都不愿意背负担子，结果往往是看着别人升职，自己只有原地踏步的份。

詹姆斯是某饲料公司销售分公司的经理。有一次，他们公司有一批饲料由于质量问题给客户造成了严重的损失，而这位客户所在的区域跟詹姆斯负责的区域紧紧相连。正常情况下，哪个区域出现问题，哪个经理出面处理。不巧的是，负责事故区域的经理前几天跟公司总裁去别的州考察项目了。

公司有规定，一旦出现上述情况，就由邻近区域的经理立即出马，第一时间赶到现场处理，原因是他们会对出事地区的风土人情更加了解、对处理质量事故更有经验。李詹姆斯觉得这件事情非常棘手，弄不好就会惹祸上身。

为了逃避责任，经过再三考虑，詹姆斯在公司总部下达命令前，就以身体不适请假了。等公司总部的命令下来时，詹姆斯以身体生病为由，让助理赶紧去处理。可是助理由于缺乏处理这类事件的经验，最后竟然使事态进一步扩大，影响变得更加恶劣。没有办法，公司总部不得不另外派了一位区域经理。最后这次质量事故虽然处理得很圆满，但是公司为此付出了极大的代价。

总裁回来后，经过调查，詹姆斯是使公司损失的“罪魁祸首”。公司给出的理由是：如果詹姆斯第一时间赶到事故区域进行处理的话，就不会造成如此巨大的经济损失，更不至于让公司名誉受损。

但是詹姆斯却谎称身体不适，提前告假，称自己对这起事故的具体情况并不清楚，一切都是助理自作主张，带人前去处理的。詹姆斯虽然把责任完全推到了助理身上，但是公司经过研究，还是对詹姆斯的的工作态度和人品持怀疑态度，担心他日后工作会找更多借口，推卸责任，影响公司业务和公司名誉。不久，公司找了个合适的理由辞退了他。

公司的经营和运转随时都会出现许多意外的事件，给公司和领导带来棘手问题，有些事情迫在眉睫，必须马上解决，这时候你就要在自身能力所及的情况下，挺身而出，为领导分忧解难，帮领导解决问题。而不是像詹姆斯一样，在出现问题时不是努力想办法去解决，而是千方百计地找借口，推卸责任，这样的员工，别说让领导重用，不辞退都是真主庇护了。

逃避责任是一种消极的心态，承担责任则是积极的心态。承担责任的人，能力在责任的承担中不断增强；逃避责任的人，能力在逃避和推脱中日渐“萎缩”。

所以，我们可以得出这样的结论：承担责任，弱者可以变强者，强者变得更强；逃避责任，强者变弱者，弱者越变越弱。

在人际交往中也不乏不敢于承担责任的人，这样的人一旦犯了什么错误，最先做的事就是把自己撇在责任之外，把本来应该自己承担的责任转嫁给社会或者其他人，这样的人不仅在企业里不能成为合格的员工，在社会上也不可能成为可靠的朋友。

一颗道钉足以倾覆一列火车，一根火柴足以毁掉一片森林，一张处方足以决定一个人的生命。很多人会犯低级的错误，原因就在于缺少责任感。在这个社会中，人们从事的工作和扮演的社会角色是不同的，但是相同的是每个人都承担着属于自己的一份责任，只有敢于承担的人才能把工作做得完美。

一个人，只有从心底改变了自己对承担责任的理解，认识到责任不仅是对社会的责任，更是对自己的一种责任，并且能在这份责任中感受到自身价值的认同，才能获得他人的认同，真正融入周围的环境。

## 2. 心无旁骛地去做自己的事

**一个人对自己认定要做的事，首先要去掉依赖思想，清除心中的一切杂念，心无旁骛地去奋斗，那么，就没有什么东西可以阻挡你的成功。**

专心致志是一种再简单不过的心态，它对于一个人能力的培养是非常重要的。只有清除心中的一切杂念，清除得干干净净，才能对准目标全神贯注地前进。

专心致志有两个不同而相关的要素。

第一个要素类似于运动员聚精会神。除了心态的警觉、清晰和沉着之外，集中注意力还意味着排除外界干扰，平息内心的不安，并且寻找各种方法，全神贯注于你所要解决的问题。

它要求你把自己的意念从千百件你必须做的事情当中收回，变万念为一念。把注意力放在你手中正在干的事上。就像一个准备扑食的猫，一个站在自由投篮线上的篮球运动员。注意力集中的人将他所要完成的任务从繁杂的事务中独立出来，然后心平气和地、目标明确地使出浑身解数完成它。

专心致志的第二个要素是长时间地控制你的精力和思维点，集中于特定的任务上以达到特定的目的。一鼓作气地将待解决的事情做完，这种欲望人人都有，也能通过严格要求自己实现。

著名的博物学家拉马克的一生，清楚地说明了在科学上“南思北想”是无所作为的，只有选择好目标，专心致志才能获得成功。

拉马克于1744年8月1日生于法国毕加底，他是兄弟姊妹11人中的最小的一个，最受父母宠爱。拉马克的父亲希望他长大后当个牧师，送他到神学院读书，后来由于德法战争爆发，拉马克当了兵，他因病退伍后，爱上了气象学，想自学当个气象学家；他整天仰首望着多变的天空。

后来，拉马克在银行里找到了工作，想当个金融家。很快地，拉马克又爱上了音乐，整天拉小提琴，想成为一个音乐家。这时，他的一位哥哥劝他当医生，拉马克学医4年，可是对医学没有多大兴趣。

正在这时，24岁的拉马克在植物园散步时遇上了法国著名的思想家、哲学家、文学家卢梭，卢梭很喜欢拉马克，常带他到自己的研究室里去。在那里，这位“南思北想”的青年深深地被科学迷住了。

从此，拉马克花了整整11年的时间，系统地研究了植物学，写出了名著《法国植物志》。拉马克35岁，当上了法国植物标本馆的管理员，又花了15年研究植物学。当拉马克50岁的时候，开始研究动物学。此后，他为动物学花费了35年时间。也就是说，拉马克从24岁起，用26年时间研究植物学，35年时间研究动物学，成了一位著名的博物学家。他最早提出了生物进化论。

古往今来，凡是有成就的人，都像拉马克后来一样，很注意把精力用在一个目标上，专心致志，集中突破，这是他们成功的最佳方案。历史上不少人被埋没，除了社会原因之外，没有找到他们为之献身的具体目标，不能专心致志地心无旁骛地去做一件事。

如果你的生活没有目标，今天想搞推销，明天又想做管理，那最后的你只能是落得一事无成的下场。曾经有人问牛顿怎样发现了“万有引力定律”，他回答说：“我一直在想着这件事。”

就是这样，如果你心里一直想着做一件事的话，那么你就会为了这件事努力奋斗，曾经成功的人都会把自己的目光集中在自己的目标上，常常在奋进的过程中提醒自己的目标所在，心里无所牵挂，也不会被什么别的事情所羁绊，专心的只有自己的目标。查斯特•菲尔德爵士指出：“如果你能够将自己的努力始终集中在你的目标和最重要的事情上面，就没有什么东西能够阻止你了。”

我们经常会听到长辈们的忠告：做事要用心。可惜大多数人都没有学会什么叫做用心。用心不是用眼睛盯着看，而是要静思，要体味，要发掘，从而获得更多真知灼见。

而哪些经常轻易就被外界干扰的人，一是说明他不能完全专注于自己手头的工作，二就是缺乏敬业精神。要知道，敬业也是一种专注。只有兢兢业业、全心全意做事的人，才能不被身边的小事所羁绊，不做“无用功”，取得最大程度的进步和突破。

其实无论做什么事情，都需要专心致志，一丝不苟，用心去发现你要做的是什么，怎样做更好。只有这样，才能做到事半功倍，取得显著的成效。心无旁骛，一心一意才能发挥人最大的潜力，如果为外界侵扰，三心二意，终究会使自己一世无成。

## 3. 让自己内在的潜能动起来

**认为才能都是后天学来的并不全面，其实我们每个人的体内都潜伏着巨大的才能。这种内在潜能常常处于酣睡状态，一旦被激发出来，就能做出惊人的事业来。**

在现实生活中，有许多人直到老年时候才表现出他们的才能，这是什么原因呢？有的人是由于阅读富有感染力的书籍而受到激发，有的人是由于听到富有说服力的讲演而深受感动，有的人是由于朋友的真诚鼓励。

走进一种可能激发自我潜能的氛围中，努力接近那些了解你、信任你、鼓励你的人，这对于你日后的成功，具有莫大的影响和助益，所以绝对不容忽视。

当然，对于激发一个人的潜能来说，作用最大的则是自我反省和审视。因为一个人想要改变自己的命运，就要相信命运可以改造，而且自己愿意改造。

如果到现在你还是不知道怎么去唤醒自己沉睡的潜能，那就请记住一条：你的梦想是潜能的催化剂。人的成功除了依靠才能和机遇之外，梦想也是不可或缺的。每个人身上有潜在程度不同的才能，很多人并没有充分发掘自己的才能，因而只能平凡庸碌地过了一生，这是因为这样的人少了一项重要的素质，那就是用梦想激发自己的潜能。

有些人虽然性格过于软弱，勇气不足，看起来是无所作为，但是他们追求成功的梦想一旦被燃起，就会由一条虫变成一条龙。因此人切不可放弃梦想，要用梦想激发自己的潜能。

人的潜能到底有多大，这往往是难以估量的，只有在身临绝境的时候才能最大限度地发挥出来，这个时候人所表现出来的力量和勇气都是不可思议的，也是你自己难以想象的。

费尔德先生看着他的儿子马歇尔在戴维斯的小店里招待顾客，就向店主戴维斯问道："我的孩子在您的店里学生意，近来有进步吗？"

戴维斯不加思索地答道："我们是多年的老朋友，用不着瞒你，免得你将来难过和后悔；而我又是个爱说老实话的直爽人。你的孩子的确是个稳重、端庄的好孩子，这不用说，一看就知道。但他要是在我这里学生意，恐怕学到老都不会成为一位出色的商人。他不是一块经商的料，生来性格就不适合做生意。你还是把他领回乡下去吧！”

不久以后，马歇尔来到了芝加哥，亲眼看见许多穷孩子因为自己的努力奋斗，都一个个发迹了。这使他的志气突然被唤起，他经常反问自己：“别人能做出惊人的事业来，为什么我不能呢？难道我生来就不如人吗？”

马歇尔很快奋发起来了，他决心努力走自己的道路。他原有的潜伏才能一下子被激发出来，成了举世闻名的大商人。

贮藏在人体内的巨大才能，是需要适当的环境、适当的机会、适当的工作，才能被激发出来的。试想，如果马歇尔依旧留在戴维斯的店里当个伙计的话，那他日后还会成为大商人吗？

其实，每个人的体内都蕴藏着无穷尽的才能，如果被激发出来，就一定能够获得成功；如果不激发它，这些潜能就会渐渐地消失，以至于没有。正如人类的指甲，在几百万年前像野兽的脚爪一样锋利、坚硬，而随着不断进化，人类不再需要这样的指甲了，于是它逐渐萎缩下去。

对于一般的失败者来说，他们失败的原因就是缺乏良好的环境。他们从来不曾走入足以激发人、鼓励人的环境中，他们也没有力量从不良的环境中奋起振作。

如果你现在面临困境，千万不要惊慌失措，而是要冷静下来，不仅要接受这一现实，还应该好好利用这个现实，创造非凡的机会。自己断绝后退的路，逼自己去创造，反而可以激发自己潜能的发挥。当你孤注一掷的时候，就会自觉排除掉一切内外因素的干扰，全身心地对付现在的苦难，你的潜能受到的束缚小了，就能最大程度地发挥出来。

虽然在不同的困难面前，由于具体情况不同，要采取的策略自然会有所不同，但是那种强烈的求生和求胜的欲望是很重要的，你要学会的就是利用自己的梦想和欲望，刺激自己最大的潜能，反败为胜。

## 4. 有责任，才会有能力

**所谓能力，简单讲就是做事的本事、才干，是实现理想、落实责任、做好工作的保障。由于个体、职务的不同，能力有高有低，但不论高低，只要不是身体的原因，你只要是融入社会，每个人都有一种能力。**

一个人无论能力大小，主要看你对工作、对事情，有没有责任感，敢不敢负责任。如果你的能力很强，很能办事，但由于你骄傲自满，不负责任，很容易办的事情，也会办不好。这就说明，一个缺乏责任感的人，或者一个不负责任的人，是做不好任何事情的，也不可能取得成就，或有所发展。

不难发现一点，在一家企业，上司重视下属的工作态度，更注重下属的工作能力，对上司而言，如果你能够在相同的时间里完成比其他人更多的工作，并且质量更高，这就意味你是一位能力更强的员工，自然受到提拔的几率就大些。

但是我们需要注意一点，人的做事能力并不是与生俱来的，其中一部分要靠你后天的努力，但是更大的一部分则是看你对工作的认真态度和责任心。

艾米丽在大学学的是计算机专业，毕业后很幸运地进入了一家大的软件公司做程序员。由于刚刚毕业，学校还有很多事情没有处理完，所以艾米丽到公司的第一个月里经常请假，再加上艾米丽住的地方离公司比较远，路上又容易堵车，所以经常不能按时上下班。不过幸运的是，艾米丽的专业技术非常过硬，和同事一起解决了不少技术上的问题，所以，虽然经常请假，公司还是比较看重她的。

一个月后，学校的事情处理完了，但是艾米丽似乎已经养成了习惯，还和第一个月一样，有工作就来，没工作就走，迟到早退是经常的事情，请假更是家常便饭。一天，公司来了紧急任务，领导安排工作任务时，却怎么也找不到她。第二天，来公司后，同事们都私底下提醒她，但是艾米丽却不以为然。她对大家说："没什么大不了，我有能力，公司不会把我怎么样的。"同事们听了后，都无言以对。

结果，在试用期结束的考评中，艾米丽虽然业务考核通过了，但是却被公司在职业道德和公司管理规章制度考核中给卡住了，最终她被辞退了。

艾米丽虽然能力很强，但是对自己的工作不负责任，不但危害了公司的利益，也让自己失去了工作。其实不难理解，工作就意味着承担责任，如果你对自己的工作缺乏应有的责任感，那么即使你的能力再强，经验再丰富，公司也一定会选择忍痛割爱。

相反，也许你的能力有所欠缺，但是只要你能够在自己的工作中尽心尽力，全力以赴，承担起属于自己的责任，你的能力迟早会提升，你也终将会受到领导的青睐。

霍华德毕业后应聘到一家公司工作，几天后，他发现公司的员工都住在公司的宿舍，只有他租房住。他找到经理提出想搬进公司宿舍居住的要求，经理说一时安排不下，叫他等待。但一个月之后，霍华德依旧没有搬进公司宿舍，于是，他开始对工作产生了抵触情绪，慢慢地失去了对工作的责任感，整天想着住宿的事情。

由于失去了对工作的责任感，霍华德工作经常出错，经理常常责怪他。其实霍华德也想做好工作，可一想到全公司就自己还得出钱租房，心中就十分不快，结果工作越做越差，最后不得不离开了公司。

此后，霍华德回到家乡的一家公司工作，因为可以和家人团聚，所以他很珍惜这次机会。虽然要和全家人挤在一套小房子里，但他从来不叫苦，在认真负责地完成自己本职工作的同时，还在工作上进行大胆创新。因为他突出的表现，多次受到表扬。

直到有一天，经理把他叫到办公室，笑着说："霍华德，你来这里一年，工作非常认真负责，为我们公司做出了杰出的贡献。公司对你的表现非常满意，决定分给升职。"霍华德大为惊讶，他没有想到自己的认真负责能够换来如此大的回报。

这个故事很有启发意义。霍华德因为工作态度的转变，使得自身的才能得到了充分发挥。这是促使他表现突出的关键因素，就是重新唤起他对工作的责任感。

然而，让我们感到万分遗憾的是，在现实生活和工作中，责任经常被忽视，人们总是片面地强调能力。在这个世界上，并不缺乏有能力的人，那种既有能力又有责任感的人才是每一个企业都渴求的理想人才。因此，每一名员工都要有强烈的责任意识，有责任感的人不论能力怎样，都会受到领导的重视，企业也会乐意在这种人身上投资，因为这种员工是值得企业信赖和培养的。

在具体的工作中，工作的完成好坏，工作的能力是条件，责任是根本。在工作中，不愿意承担责任，不愿意付出劳动就不会有良好的工作效率和工作结果。从本质上说，责任是出色工作的动力和源泉，是做好本职工作的基础。一个有责任感的人必然会爱岗敬业。有了责任感，工作就有了良好的出发点。

人们在工作上经常会遭遇瓶颈期，也会在事业上遭遇低谷，从而怀疑自己的能力。其实，回想一下自己的发展就会发现，许多时候并不单纯是能力的问题，而是态度问题，由此形成了责任的高与低。缺乏责任感，不仅对他人、对团队无益，对自己的成长也有害。因此，想拥有更大的能力，请从负责开始。

## 5. 比别人更卖力地工作

**无论你的想法是什么，你必须为实现它干得比其他人更多，即使你投入时间与精力并不能保证你就会成功，你也要一直干下去，否则结果就更可想而知。**

生活中，平淡多于传奇。缺少了奋进的力量，做什么都提不起兴致。不妨给自己施加点压力，并把它转化为行动的动力，那么就有奇迹发生的可能。

不管你想在工作中得到什么，你必须为了实现目标比别人付出更大的努力，在这一点上，如果你能把工作安排成你的一种乐趣，那或许会是一件比较容易的事情。这个世界上没有平白无故的奖赏，奖赏都是给那些付出更多的人。虽然你投入时间并不能保证你就会成功，但是如果你不投入就肯定不会成功。

今天，人们频繁地换工作，在一个组织工作的时间越来越短。但1946年的华尔街完全不像现在这样。那时的人并不跳来跳去，人们常常把自己的一生和某个公司联系在一起。

从布隆伯格被所罗门公司录用的那一刻起，他就认为自己是一个“所罗门”人了，许多大公司贪求与众不同的门第、风格、语音和常春藤联校的教育背景，而所罗门更看重业绩，鼓励实干，容忍异议，对博士生和中学辍学生一视同仁，布隆伯格感到很适应，他觉得那正是适合他的地方。

那时的职员都接受雇主的保护，这是因为，在那时的华尔街，重要的是组织而不是个人。当时的布隆伯格认为：如果你能进入一个投资银行公司——对不是创始家族的继承人来说，可不是一件容易事，你会把它看成是终生的职业。你会一直干下去，最终成为一名合伙人，然后在年纪很大时死在一次商务会议当中。

布隆伯格说："我永远热爱我的工作并投入大量时间，这有助于我的成功。我真的为那些不喜欢自己工作的人感到惋惜。他们在工作中挣扎，这么不快活，最终业绩很少，这样他们就更憎恶他们的职业。在这短短的一生中有太多令人愉快的事情去做，平日不喜欢早起就干不过来。"

布隆伯格每天早上到班，除了老板比利·所罗门，比其他人都早。如果比利要借个火儿或是谈体育比赛，因为只有布隆伯格在交易室，所以比利就跟他聊。

布隆伯格26岁时成了高级合伙人的好朋友。除了高级主管约翰·古弗兰德，布隆伯格常是最晚下班的。如果约翰需要有人给大客户们打个工作电话，或是听他抱怨那些已经回家的人，只有布隆伯格在他身边。布隆伯格可以不花钱搭他的车回家，他可是公司里的二号人物。

布隆伯格认识到："使我自己无所不在并不是个苦差事——我喜欢这么做。当然了，跟那些掌权的人保持一种亲密的工作关系也不大可能有损我的事业。我从来不理解为什么其他人不这么做——使公司离不开他。"

他在研究生院第一年和第二年之间的那个夏天为马萨诸塞州剑桥镇哈佛广场的一个小房地产公司工作，经常早来晚走。而学生们到城里来就是为了找一个9月份可以搬进去的地方，工作中并不踏实。

布隆伯格早晨6点30分去上班，到7点30分或8点的时候，所有来剑桥的可能租房的人已经给公司打电话，跟接电话的人订好看房时间了。他当然就是唯一一个来这么早接电话的人，那些给这个公司干活的成年“专职”们在9点30分才开始工作。于是，每天当一个接一个的人进办公室找布隆伯格先生时，他们坐在那里感到很奇怪。

布隆伯格非常赞赏这样一句话：“你永远不可能完全控制你身在何处。你不能选择开始事业时的优势，你当然更不能选择你的基因智力水平。但是你却能控制自己工作的勤奋程度，我相信某地有某人可以不努力工作就聪明地取得成功并维持下去，但我从未遇见过他。你工作得越多，你做得就越好，就是那么简单。我总是比其他人做得多。”

现实生活中，没有压力就会没有动力，同样也就很难有所作为。这就如同射箭的弦一样，弦拉得愈紧，射出去的箭就越有力。每天处于缺少压力的松散状态，又怎么能获得最后的成功呢？你只有比别人更努力，才能实现比别人过得更好。

无论从事什么工作，如果你想得到比别人更好的待遇，或者你想过上比别人更好的生活，你需要做的只是比别人更卖力，更卖力，再卖力一些，你做了别人做不到的，自然会有额外的收获。

我身边有很多抱怨生活不如意的人，这些人大多抱怨没有得到这个，没有得到那个，却忘了自我反省：我做了应该做的了吗？我做了别人还没有做的了吗？我比别人更努力吗？只有比别人更努力，才能比别人更优秀。

## 6. 出了问题不要找借口

**成功者从来不会找借口，因为这会浪费他们宝贵的时间。**

工作本身就意味着责任，只有勇于承担责任的人才能作出更大成绩。遇到问题的时候，不要随便找理由推卸自己的责任，如果习惯了动不动就找借口来为自己开脱，那这样的人永远没有成功的可能。

每个人都不希望在工作中出现失误，但是错误不可避免。如果错误发生时，其中的部分原因是因自己而起，就应该努力承担，并弥补错误，这样才能给人一种负责任的印象，有利于建立良好的人际关系，反之则会使自己的工作陷入无助的境地。

生活中有一个奇怪的现象，那就是没有更多的女性取得和男性一样的成就。很多女性都无法把握好自己的生活，职业女性常常不得不接受推到她们面前的额外的工作，而事实上，她们手上的工作已经太多了，本来应该拒绝这些额外的工作。

当她们已经没有多余的时间，而又接受了额外的工作的时候，结果要么就是这些额外的工作做不好，要么就是牺牲掉自己的本职工作或者个人生活来把这些工作做完。很多时候，她们投入地想要做好所有的事情，结果常常身不由己。为了当更好的雇员、更好的管理者、更好的母亲、更好的妻子、更好的公民、更好的女儿，以及更好的主妇，很多女性都没有了属于自己的生活。

为了挺下去，很多女性就开始给自己找借口，出了问题就开始抱怨别人，事情没有做好就开始推卸责任。虽然这在女性身上是一件有趣的常见的现象，但是不可否认的是，有太多人，不单单是女性，也喜欢在出现问题的时候找借口。

麦克是一家家具销售公司的部门经理。有一次，他听到一个来自管理层的消息：公司领导决定安排他们这个部门的人到外地去处理一项非常棘手的业务。他知道这项业务非常麻烦，难度非常大，所以提前一天请了假。

第二天，上面安排任务，恰好他不在，便直接把任务交代给他的助手，让他的助手向他转达。当他的助手打他的手机向他汇报这件事情时，他便以自己身体不适为借口，让助手顶替自己前去处理这项事务。同时他也把处理这项事务的具体操作办法在电话中告诉了助手。

半个月后，事情办砸了，他怕公司领导追究自己的责任，便以自己已经请假为借口，谎称自己不知道这件事情的具体情况，一切都是助手办理的。他想，助手是领导安排到自己身边的人，出了事，让他顶着，在公司领导面前还有一个回旋的余地，假若让自己来承担这件事的责任，恐怕有被降职罚薪的危险。但是，纸是包不住火的，当领导知道了事情的真相后，便毫不犹豫地辞退了他。

一个人对待错误的态度可以直接反映出他的敬业精神和道德品行，是自己的责任就要一肩挑，一定不能推脱，否则就会失去领导对你的信赖，看低你的道德品行，领导如果这样看待你，就不会再对你委以重任。

所以，当工作中遇到问题时，要积极主动地承担责任，想方设法去解决问题才是一个员工的职场生存之道。要想在事业上成为一个有所成就的人，就要在工作需要你的时候积极行动，而不是推脱。只有勇于承担责任的员工，才能得到更多成功的机会。

千万富翁卡罗·道恩斯原来只是一名普通的银行职员，后来受聘于一家汽车公司。工作6个月之后，他想试试是否有提升的机会，于是直接写信向老板杜兰特先生毛遂自荐。老板给他的答复是："任命你负责监督新厂机器设备的安装工作，但不保证加薪。"

道恩斯没有受过任何工程方面的培训，根本看不懂图纸。但是，他不愿意放弃这个机会。于是他发挥自己的领导才能，自己花钱找到一些专业技术人员完成了安装工作，并且提前了一个星期。结果，他不仅获得了提升，薪水也增加了10倍。

"我知道你看不懂图纸，"老板后来对他说，"如果你随便找一个理由推掉这项工作，我可能会让你走人。我最欣赏你这种工作不找任何借口的人！"

作为一名员工，在工作的时候，只要不把借口摆在面前，就能够尽职尽责，把工作完成得很出色；只要以"只要责任、拒绝借口"来要求自己，就会跨越工作中的任何困难，工作自然也会达到一个梦想的高度，能力也会在无形之中得到提高。

当然有一点值得注意，如果确实不是由于自己的过失造成损失，那你也不要急于替自己辩解，而应着眼于整个企业的利益，等事情得到妥善处理后，事情的真相自然会浮出水面。如果你确实被误会了，你的领导也自然会搞清楚来龙去脉，还你一个清白。

总之，要想赢得他人的信任，成为一个敢于负责任的人，就必须改掉推脱责任的坏习惯。犯了错误有什么理由要解释时，你自己首先要反省，我的理由是不是客观事实，真实可信？是不是只是想用来掩饰自己的错误？

然后，回头看看自己的行为，如果自己确实有错误的地方，就应该勇敢地承担责任，诚恳地承认错误，并且要改正自己的行为，积极地寻求补救的办法。聪明的员工，就在于会勇于承担自己的责任，积极地寻找并把握谋求企业利益的机会。也只有这种员工，才是领导心目中值得栽培的人才。

托马斯•杰斐逊说过：“敢于行动并且勇于负责的人一定能够成功。”同样，在公司里，领导都希望自己的员工是敢作敢当，勇于承担责任的人。只有不找任何借口，积极寻找解决问题的办法，才能完美地执行你的任务。

如果愿意做一件事情，就会有千万条办法；如果不愿意做一件事情，就会有无数个借口。但再妙的借口对于事情本身也没有丝毫的用处。人生的失败，根源就在于那些一直麻醉着我们的借口，让我们忘记了自己肩上的责任。

## 7. 勇于负责会得到更多机会

**更大的成功需要更多的担当，以及更多的付出。当你表现出应有的责任时，机会自然会降临到你的头上。**

成功者找方法，失败者找借口。如果一个机会触手可及，每个人都可以轻易拿到手，那么，这个机会绝对不可能是什么宝贵的机会。机会是开在荆棘丛中的鲜花，对于工作而言，最艰苦的环境中，常常隐藏着最宝贵的机会。

实际工作中，如果我们敷衍塞责，找借口为自己开脱，就会让领导觉得我们自己不但缺乏责任感，而且还不愿意承担责任。虽然没有谁能做到尽善尽美，但是，一个主动承认错误的人至少是勇敢的，如何对待已经出现的问题，更能看出一个人是否能够勇于承担责任。

如果你敢于承担属于自己的责任，那么就更容易得到领导的信任，自然会获得比比人更多的机会，完成别人所没有机会接触的任务。

一位开网店的朋友讲述了这样一个故事：有一位顾客在他的店里买东西要送给家人，要求给产品加一个包装。虽然加包装不是店里的业务，但朋友还是答应了。不巧的是负责出单的人员忘了把这个要求备注在订单上面。

第二天，顾客收到东西，非常不开心，导致他们前期的优秀服务前功尽弃。怎么处理呢？朋友亲自安慰顾客，主动承认了自己的错误，并请顾客帮个忙，去礼品店包装一下，费用由网店来负责。顾客接受了朋友的建议。在礼品店包装可能包得更如顾客自己的意愿，并且顾客家人也十分的喜欢，所以顾客对这次交易还是非常满意的，愉快地表示下次还要来购物。

其实，朋友的网店本来是不提供代客包装业务的，但是因为已经答应了顾客，就一定得做到，这就是一种责任。可是因为工作人员的疏忽，导致了这个错误，网店就有责任来弥补这个错误。

那位朋友说：“顾客到店里来购物是一件挺不容易的事情，虽然现在网络购物越来越普及，但是让顾客相信一个虚拟的店铺，必须提供周到全面的服务。不能因为可能会导致亏损就不去承担这个责任。”事实证明，承担责任不仅给这家网店带来了更多的收益，而且也赢得了顾客的尊重。

责任就是机会，要想把握机会，你必须做到勇于承担属于你的责任。因为一个缺乏责任感的人，或者一个不负责任的人，首先失去的是社会的认可，其次失去了别人对他的信任与尊重，最后也失去了他自身的立命之本——信誉和尊严。

当然，每个人在工作中都不可避免会犯一些错误，产生错误并不可怕，关键是我们面对错误的态度。即使没有良好的出身、优越的地位，只要能够勤奋地工作，认真、负责地处理日常工作中的事务，就会得到别人的敬重和支持。反之，一个人即使高高在上，却不敢承担责任，丧失了基本的职业道德，也会遭到他人的鄙视和唾弃。

勇于承担责任是一种美德。无论扮演哪种角色，都要敢于承担、敢于负责。在出现失误时，不要置身事外，不要采取观望态度，而应该站在客观的立场上，努力负担起自己应该承担的责任，而不是选择逃避或推诿。

在日常工作中，经常会听到这样的话："这件事情不是我干的"、"是他让我这样做的"、"这是前任造成的后果"、"这是很久以前遗留下来的问题"等等。虽然这是很多人在面对工作出现问题时的第一反应，但是，当我们在工作中一次又一次地推卸自己的责任的同时，我们其实已经失去了自己，失去了一个又一个宝贵的发展机会和赢得尊重的机会，这一切都是因为我们在那一刻缺失了人生最重要的品质——勇于承担责任。

在这个商业化的社会里，人们越来越欣赏那些勇于承担责任的人。大家认为，只有这样的人才能给人一种信赖感，才值得与之交往，也只有这样的人，才能为企业带来效益。所以，我们应该培养勇于负责的精神，这样，才会获得别人的敬重，为自己赢得尊严，也赢得了机会。

敷衍了事，是一种不负责任的态度。它让我们此时此刻的劳动贬值，而不能创造出更有价值的东西，其损失是无法估量的。许多时候，我们在做事的过程中会采取敷衍的态度。但是这种做法会给我们的日后发展带来严重危害，一方面，敷衍做事让我们失去了严谨的态度，少了精益求精的精神；另一方面，前期做事不到位，日后就容易产生各种纰漏甚至是灾难。

责任不是压弯人脊梁的重担，更不是阻碍人前行的负担，而是员工成长的源泉。承担责任会让我们得到锻炼，懂得如何应对人生道路上的种种考验，使我们变得坚强。我们承担的责任越多、越重，我们就能得到更好的成长，获得更大的成就。

## 8.尽职尽责是成功的开始

**勇于负责的人，是可信的，自然容易赢得合作机会。**

每个老板都希望自己的员工是一个能恪尽职守，为工作全心投入的人。做事情无法尽职尽责的人，其心灵上亦缺乏相同的特质。他不会培养自己的个性，意志无法坚定，无法达到自己追求的目标。一面贪图玩乐，一面又想发展，自以为可以左右逢源的人，不但到头来享乐与发展两头落空，还会悔不当初。从某种意义上说，尽职尽责地完成工作比敷衍了事做表面文章更有意义。

随着市场竞争的日益激烈，企业裁员现象随处可见，这样就给就业者带来了更大的压力。一名员工要想保住自己的工作，就要懂得适应金融危机下的企业环境，通过提升自己的能力，让自己成为企业不可或缺的人才，只有这样，裁员的厄运才不会落到自己头上。

一家皮毛销售公司的老板为了给自己选择一个好的助理，决定从自己公司比较优秀的3名员工里挑选1名。一天，他吩咐这3名员工去做同一件事情：去供货商那里调查一下皮毛的数量、价格和品质。

5分钟之后，第一名员工就回来了，他没有亲自去调查，而是向下属打听了一下供货商的情况就回来向老板报告。

半个小时后，第二名员工也回来了，他自己到供货商那里把老板需要了解的情况作了调查，然后回来汇报。

而第三名员工一个小时后，才走进老板办公室，原来他不仅亲自了解了皮毛的数量、价格和品质，而且根据企业的采购需求，对供货商那里最有价值的商品进行了了解和详细记录，回来的路上，他去了其他两家供货商那里了解皮毛的最新商业信息，将三家供货商的情况作了比较，列成表格，制定出了最佳的购买方案汇报给了老板。

一个月后，老板对第一名员工进行了批评教育，第二名员工继续在原岗位工作，而第三名员工自然而然被提升为董事长助理。

同样的任务，却因为三名员工的责任感不同，而产生不同的结果。第一名员工敷衍了事，草率应付；第二名员工只是完成了老板交代的工作；而第三名员工却真正做到了尽职尽责、全力以赴。试想一下，如果你是老板，你会怎么选择，会把升职、加薪的机会留给谁？

要想让自己成为企业不可或缺的员工，就必须在工作中做到全心全意、尽职尽责，只有这样，才能既为企业创造利润，又为自己的发展奠定基础，从而获得双赢的结果。

苏珊和丽萨在一家酒店餐饮部实习。一天，一位在酒店住宿的客人来餐厅吃饭，饭菜已经上桌了，客人接到一个电话，有紧急事情需要离开。离开之前，这位客人让丽萨把他的饭菜留下来，等回来之后再吃，并给丽萨看了一眼自己的房卡。丽萨看完房卡后，礼节性地向对方点头微笑，表示同意。

这时，一向认真负责的苏珊看到了这一场景，虽然跟她没有关系，但是出于责任感，她走到那位客人的身边，面带微笑、非常诚恳地对客人说："先生，请您放心，我们一定会把饭菜留到等您回来，不过我们酒店有规定，因为您已经点了菜，所以需要先付账，请您理解我们的做法。"客人没有多说什么，爽快地答应了苏珊的要求，于是苏珊面带笑容地带客人到前台结了账。

这位客人到酒店打烊了都一直没有回来，出于责任，苏珊不但没有下班回家，反而要求厨房留下人值班，等客人回来了，她第一时间让厨房把饭菜热好端了上来。她所做的一切让客人很感动，她的行为也被经理看在了眼里。

两年后，苏珊成为了这家酒店的副经理。

成功的机会是不会随意降落的，只有尽职尽责的员工才能获得更多的机会。尽职尽责是一个职员能够立足于竞争激烈的社会之中的基本条件，是一个员工打开卓越之门的钥匙。然而在企业里，很多员工对自己的工作不负责任，敷衍了事，他们认为自己平凡的岗位根本就没有什么责任可言。

事实并非如此，责任存在于每一个人的心中，即使从事的是再平凡不过的工作，也需要你认真负责。正如皮尔•卡丹曾经对他的员工说："如果你能真正地钉好一枚纽扣，这应该比你缝制出一件粗制滥造的衣服更有价值。"

因此，作为一名员工，任何时候都不要把责任抛之脑后，一个不负责任的员工，只有被埋没或者被淘汰的结局；而一名对工作认真负责，积极进取的员工，才能成为领导和组织真正需要的优秀人才。

人们永远尊重尽职尽责的人，就像永远尊重对自己的人格负责的人一样。如果你习惯了让别人替你承担责任，你将永远亏欠别人，你的腰板永远也不会挺直。

所以，你最好是把尽职尽责作为一种生活态度。这样，你既不会觉得责任会给自己带来压力，也不会因为自己承担责任而觉得别人欠了你什么。尤其是当责任由生活态度转变为工作态度时，工作对于你的意义就不仅仅是赚钱那么简单了。

# 十、奉献心：付出与分享是最大的幸福

索取并不能增加财富、智慧，只会让人生的负荷更重。唯有奉献，才会让人感受到轻松、快乐，收获最多幸福。

## 1. 放低身价，努力奉献

**我们的有些荣誉是人们对于我们有益工作的奖赏，尽管这是我们应该做的，然而领导也好，同事也好，对我们的工作却给予了绝对的肯定，对此，任何承受荣誉者都没有理由由此把自己看成是不同于一般的人。**

在我们生活的周围，不乏这样的人存在，他们习惯以自我为中心，把自己当作生活的主角，总是把自己看得太高，而偏偏把别人看得太低。这种人在得意的时候总是不能做到谦卑，总会觉得自己很了不起，博学多才，一心想着干大事。而却觉得别人这也不行，那也不行，唯独自己最可以。

但是，这样的人在人际交往中是不受欢迎的，他们无所顾忌地表露自己的傲气，甚至还可能招致别人的嫉妒，把自己放在众人排挤的位置上。而当他们失意的时候，又变得一肚子怨气，抱怨就在所难免。

因此，做人最好能放低自己的姿态，放低自己的身段，纵然你的才华多过别人，也不能眼中没有别人。放低姿态，我们就能睁大双眼学习很多知识，就能谦卑待人得到大家的欢迎，并且使别人被自己折服。

放低姿态也是一种风度，其实，把自己看得低一些，这是光明磊落心灵的折射，是正直坦诚境界的流露。能够看低自己的人是很容易满足的，所以对获得的成功会更加珍惜，不会自傲，也不会奢侈，从而也就淡化了别人对自己的嫉妒心理，使自己能在良好的人际关系中更好地发展。

同样，不管你现在取得了多么杰出的成就，你也不能自满自大，也要把自己当作一个平凡人，仍然以最初的心情去工作，去生活，才能保持那份难得的恬静。

伟大的西班牙画家毕加索去逝时是91岁。在90岁高龄时，他拿起颜色和画笔开始画一幅新的画时，对世界上的事物好像还是第一次看到一样。年轻人总是在探索解决新问题的方法，他们热心于试验，欢迎新鲜事物；他们不安于现状，朝气蓬勃，从不满足。老年人总是怕变化，他们知道自己什么最拿手，宁愿把过去的成功之道如法炮制，也不冒失败的风险。

毕加索90岁时，仍然像年轻人一样生活着。不安于现状，寻找新的思路和用新的表现手法来运用他的艺术材料。大多数画家在创造了一种适合于自己的绘画风格后，就不再改变了，特别是当他们的作品受到人们的欣赏时，更是这样。随着艺术家的年岁增长，他们的绘画虽然也在变，可是变化不会很大了。

而毕加索却像一位终生没有找到他的特殊艺术风格的画家，千方百计寻找完美的手法来表达他那不平静的心灵。毕加索作画，不仅仅用眼睛，而且用思想。毕加索的画，有些色彩丰富、柔和、非常美丽，有些用黑色勾画出鲜明的轮廓，显得难看、凶狠、古怪，但是这些画启发我们的想象力，使我们对世界的看法更深刻。

果戈理以勤奋写作著称。他坚持每天练习写作，有自己的心得：“一个作家，应该像画家一样，经常随身带着笔和纸张。一位画家如果虚度了一天，没有画成一张画稿，那是很不好的。一个作家，如果虚度了一天，没有记下一条思想也不好……必须每天写作。如果一天没有写，怎么办呢？没关系，拿起笔来，写上‘今天不知为什么我没写’，把这句话一遍一遍地写下去，等你写得厌烦了，你就要写作了。”

正是由了这种一天也不肯虚度，不断进取的精神，果戈理才完成了一部部传世之作，成了世界上伟大的文学家。由此看来，一个人努力奉献越多，自己会收获得越多。吝啬于努力工作的人，注定不会在岗位上有很大成就。更重要的是，一个人有了奉献心，就会少了工作中的抱怨和烦闷，心情也会愉悦起来。

1673年2月的一天，法国著名喜剧作家莫里哀患着严重的肺病，又受了风寒，身体十分虚弱。但他还是不顾亲人和朋友的劝阻，以顽强的毅力克服身体上的巨大痛苦，毅然参加了自己的新作《无病呻吟》的演出，并出演男主角。莫里哀全神贯注地投入了角色的塑造，由于咳嗽，震破了喉管，他的生命结束在了舞台上。

英国化学家、物理学家道尔顿从十七八岁开始科研生涯，从此终生不离开试验室。他对气象、物理和化学三门学科都做出了很大贡献。在1844年他在试验室去世前的几个小时，还像往常一样记录下了当天的气象数据。

即使你已经取得了很大的成功，也决不能自满，千万不要生活在过去的荣耀之中。上面列举的成功者，都是生命不息、奋斗不止的进取者。如果他们浅尝辄止，或满足于已经取得的成绩，那么莫里哀即使写出一两部成功的作品，也不会给世人留下这么深刻的印象；道尔顿即使在某些学科有所建树，也不会在气象、物理和化学三门学科都做出这么大贡献。

可见，在不断奋斗和进取中才能实现人生的真正的价值。绝不生活在过去的荣耀之中，也许会给人以“不会享受生活”的印象，但却能够不断进取，迈向更高的山峰，取得更大的成就。

为什么你的薪水不高，为什么你无法得到职位提升，为什么事业发展空间遭遇瓶颈，其实不妨从培养奉献心做起，改变一切。随着你的付出越来越多，你会发现自己的能力提升了，业绩增加了，这是成功的开始。

## 2. 把握真正的志趣所在

**人这一生需要做一些有意义的事情，为他人提供帮助，给社会贡献力量，会感受到英雄礼遇的尊崇。**

经常有人感叹生活忙碌，负担太重。的确，人生有许多推不开的负担，但是在这些负担当中，有许多是不必要的。由于太贪多，太求全，或者太急切，反而使自己容易顾此失彼。

生活中，许多人在除了自己分内该忙的事情外，更要忙些不该忙的，比如忙着应酬，忙着为了增加物质享受或虚荣而去赚钱，忙着奔走钻营去求地位。对自己已经着手的工作容易失去兴趣，因而时常见异思迁，把自己搞得很疲惫，也失去了应有的人生乐趣。

一个人，涉足过多本来不属于自己的东西，必然迷失自我，让自己的精力分散，不再产生应有的价值；也容易迷乱了心志，体验不到生活的幸福、工作的乐趣。所以，放弃自己并非情愿去做的事情，丢下自己不感兴趣的东西，会有更大的收获，也能有更多的快乐。

我们都不是超人，每个人的精力和时间都是有限的，把握住自己的兴趣所在，把自己的全部精力都放在自己真正感兴趣的东西上，专心致志地研究一个事物，才有可能取得比别人更大的成就和突破。更重要的一点是，你投入到了自己真正喜欢的工作之中，才有真正的快乐可言，才能让你当下的人生完满。

一项调查显示，在选错职业的人当中，有80%左右的人在事业上是失败者。当今社会，人们自由地选择职业的空间越来越大，人们能根据自己的情况，正确地确定个人事业奋斗的目标，但是关键在于要准确判断自己的兴趣所在，并且好好把握。

日本作家川端康成自获诺贝尔奖之后，受盛名之累，常被官方、民间，包括电视、广告、商人等等邀请，做些与写作不相干的事情。

作为一个文人，川端康成不擅应酬，心慈面软，不会推托；做事又过于认真，不懂敷衍，于是陷入忙乱的俗事重围，不知如何解脱，终于自杀，了此一生。

据说，川端康成临终前，曾为筹措笔会经费而心力憔悴，心情十分低落，这可能是促使他厌世自杀的原因之一。

可以想像，如果他不被令人烦倦不堪的琐事所累，而能依然宁静度日，以他东方式的丰富晶莹的智慧，或许可能有更优秀的作品留传于世。一位获得诺贝尔奖的作家，竟然落得这样的下场，不能不说是一种悲哀。

《湖滨散记》的作者梭罗，为了要写一本书，而去森林中度过两年隐士生活。自己种豆和玉蜀黍为食，摆脱了一切剥夺他时间的琐事俗务，专心致志，去体验林间湖上的景色和他心灵所产生的共鸣。他从中发现许多道理，从而完成了这本名著。

可见一个人能在生活里做自己喜欢做的事是一件多么幸福的事情。在日常生活中，我们应该时时刻刻留心自己喜欢做的是什么，这点可以根据回忆自己的经历进行总结，从而发现自己真正感兴趣的是什么。

每个人都有自己的梦想，每个人都有内心真正想做的事，虽然有些事情看似平淡，但是只要听从内心的召唤，就能在体验快乐的同时，获取更大成就。

富兰克林曾经说过：“宝贝放错了地方就是废物”，的确如此，人生成功的诀窍就是经营自己的长处，这是因为经营自己的长处能给自己的人生增值，但是经营自己的短处则会使自己的人生贬值。

一个人竭尽了自己的全力去做一件事情，但是没有成功，可是并不意味着他做任何事情都无法成功，因为他不成功的原因很可能是他选择了自己并不适合的职业，这就注定了他不能出人头地。

罗威尔也曾经说过：“做我们的天赋所不擅长的事情往往是徒劳无益的，在人类历史上因为做自己所不擅长的事情而导致理想破灭、一事无成的例子举不胜举。”除非你保证自己所有的才能都能得到充分的发挥，你才会发现自己真正感兴趣的是什么。

只有你的兴趣和个性跟你现在所做的职业相协调，你才会干的得心应手。除非你爱自己的工作到了废寝忘食的地步，否则，你肯定还没有找到自己真正感兴趣的工作。

在人生的某个时间段里，你可能要被迫做一些不喜欢的事情，并且你会为此感到非常苦恼。但是，你必须尽快从这种状态中解脱出来，只有把精力全部投入到真正感兴趣的事情上，你的人生才是有价值的人生。

在这个世界上，最不幸的人就是那些永远都说不清楚自己究竟想要做什么的人，他们在这个世界上找不到适合他们干的事情，简直是无处容身。年轻的朋友，趁着你还有大把的时间，发现自己的兴趣所在，并且努力坚持它。

## 3. 对生活的期望永远不要太高

**即使是世界上最为优秀的人，他也会有性格上的弱点，需要人们容忍、同情甚至怜悯。**

每个人都希望得到最快乐的生活，最好自己的每份付出都能得到回报，最好自己的努力能够换来成功。但是生活并不像你期望的那样，你最好还是不要对生活有太高的期望。

我们的才智通过生活中的各种实践得到磨炼。个人就是在遇到和克服困难的过程中前进的。那些因愚蠢而失去了机会的人，他们的回忆录将会是令人痛苦而又难忘的篇章，但是却带给这个世界更多启示。

“一个人只要忠实于自己，只要他强壮健康，他就不会被世界所遗忘。为了对年轻人有所裨益，我们对一千个下决心努力奋斗的人进行精确的统计，看看其中失败的人数到底有多少。我们认为它不会超过1%。”埃比尼泽•埃利洛特说，人类要为成功投入更多成本，成功需要一系列的失败作为铺垫。人们一开始便遭受到失败，接下来又是一次又一次的失败，直到最后，一切困难才逃得无影无踪，人们才取得了成功。期望太高的话，你只会在挫折到来的时候变得不堪一击，再也没有机会开启开往成功的帆船。

又想获得成功却又不愿承担获得成功的代价，这是软弱和懒惰的最明显的标志。要得到任何值得欣赏和拥有的东西都必须愉快地付出劳动，这就是实践中力量的奥秘所在。一个人或许宁愿辛勤劳动，也不愿游手好闲。因为游手好闲使得一个人的全部才华都没有得到运用和发挥，而是使它们处于一种昏睡和迟钝状态。从长远来看，我们会发现，自身才能的运用本身就是真正的幸福的源泉，随之而来的收获比当下的直接所得要大得多。

一个理智、达观的人会渐渐地懂得，对生活不要期望太高。当他运用有效的方法力求成功的时候，他做好了失败的准备。他时时渴望幸福的降临，但耐心地忍受各种苦难。在生活中，怨天尤人、悲号哀鸣是毫无用处的，唯有愉快而不懈的工作，才能有真实的收获。理智而达观的人对自己身边的人也不会期望太多。

只要能与别人和平相处，他就会容忍和克制。而且，有谁敢说自己是完美无缺的呢？谁没有令人苦恼的事情呢？谁不需要别人的宽大、容忍和谅解呢？

被投进监狱的可怜的丹麦女王卡罗兰·马蒂尔达在教堂的窗户上写下的一句话，值得每一个人祷告：“主啊，让我清白无罪，让其他人变得伟大吧！”

现在，我们可以得出结论，每一个人的素质取决于他们内在的体质和幼年时的生活环境；取决于把他们培养成人的家庭幸福与否；取决于他们经遗传得来的性格；取决于他们的生活中所见到的榜样。

考虑这些因素，我们就应该学会对任何人都要仁慈和宽容。同时，在很大程度上，生活往往是我们自己创造的。每一个心灵都会给自己创造一个小天地。喜悦的心灵会使这个小世界充满快乐，不知足的心灵会使这个小天地充满哀愁。

“我的心灵对我来说就是一个王国”，这句话适用于一个君王，也同样适用于一个农夫。一个人可能是他心灵的国王，另一个人可能是他心灵的奴仆。生活在很大程度上只不过是个体自我的一面镜子。我们的心灵在任何情境下、在任何财富状况下，都会反映出自己真实的个性。

对于好人来说，世界是美好的；对于坏人来说，世界是腐败的。如果我们的生活观念得到升华，如果我们认为生活中的应有之义是：不懈的努力，高尚的品德，高境界的思想，为自己谋利益的同时也为别人谋利益，那么，生活就将充满欢乐、充满希望，生活也就会幸福。相反地，如果我们把生活看作是自我表现、追求感官快乐和扩大权势的机会，那么，生活就将充满阴谋、充满焦虑和令人沮丧。

每个人都必须在自己的生活范围内完成自己的职责。只有职责才是真实的，除了完成生活的职责，世界上再也不存在任何真正的行动。职责是生活的最高目标和目的，在一切快乐中，最真正的快乐来源于对生活职责业已完成的意识。而且，这种快乐是最令人满足的，是最不可能让人后悔和失望的。

## 4. 过剩的资财毫无意义

**如果我们不可能改善我们的经济情况，也许我们可以改进心理态度。且让我们记住，即使我们拥有整个世界，我们一天也只有吃三餐，一次也只能睡一张床——即使是一个挖水沟的工作也可如此享受。**

人的需要其实是很低的，人的无限欲望是不理智的，只有放下过分、过强的欲望，才能让自己被重重压迫的心灵得到舒缓和解放。

人生在世，尽自己的能力为自己也为他人创造幸福，或创造自己最满意的生活，这是合情合理的。但我们在为理想而拼搏的时候，也必须正视这样的事实：拼搏归拼搏，现实归现实，两者之间的反差也是较大的。每个人都在拼搏，但并不一定每个人都能得到最满意的结果。我们必须有勇气，有一个好心态接受自己努力的结果，哪怕是较差的结果，知足常乐才是最主要的，其他的都是无所谓的。

相传宙斯结婚时，举行盛大宴会，招待所有的神及所有的动物，但乌龟没有出席。过后宙斯问乌龟为什么不来赴宴，乌龟回答说，我家里虽然没有醇酒美食，华衣乐舞，更没有豪华的宫殿、气派的居所，我也享受不过来那么多好东西，我觉得在家挺好的，所以没去。

听了乌龟的这番回答，宙斯气愤至极，就罚乌龟永远驮着他的家行走。

乌龟的好友不解地问：“你怎么就不悲伤呢？”

乌龟答道："我拥有这么美好的一个家，我的老父老母虽然好几百岁了，可他们的身子骨还硬朗着呢！再活上百八十年也没有问题；我的一双儿女虽然年幼，但他们聪明伶俐，将来一定会有出息；我的妻子虽然偶尔会有些小病，但她坚强乐观，待公婆也特别孝顺；我吃的虽是粗茶淡饭，但都清洁卫生，新鲜可口；我穿的虽然不是油亮毛皮，但是结实耐穿；我的生活每天都能面对阳光，面对清泉……老天待我不薄啦！我还不知足吗？"

动物们听了这一席话，不禁充满羡慕地叹道："说的有道理。"

生活中，常能看见抱怨的人，愁眉苦脸的人。他们那种追求物质享受的无穷欲望，使他们成为财富的奴隶。买了大房子还想买更大的房子；小汽车换了一辆又一辆；家具换了一套又一套！那无限膨胀的对财富、对权利的欲望，影响了健康、爱情、婚姻、家庭及快乐，整天为此疲于奔命，寝食难安，带来无限的烦恼。更有甚者，忙碌中也达不到目的，就铤而走险，采取违法手段来满足欲望。

反之，生活中坦然、快乐的人倒是那些出入平常居室的人，他们没有尔虞我诈，没有卑躬屈膝，生活的倒也安稳。有这样一个故事可以反映出这样两种心态的差异。

曾有两个墨西哥人沿密西西比河淘金，到了一个河岔分了手，因为有个人认为：阿肯色河可以掏到更多的金子，而另一个人认为：去俄亥俄河发财的机会更大。

十年后，去俄亥俄河的人果然发了财，在那儿他不仅找到了大量的金沙，而且建了码头，修了公路，还使他落脚的地方成了一个大集镇。现在俄亥俄河岸边的匹兹堡市商业繁荣，工业发达，无不起因于他的拓荒和早期开发。

而进入阿肯色河的人似乎没有那么幸运，自分手后就没了音讯。有人说已经葬身鱼腹，有人说已经回了墨西哥。直到50年后，一个重2.7公斤的自然金块在匹兹堡引起轰动，人们才知道他的一些情况。

当时，匹兹堡《新闻周刊》的一位记者曾对这块金子进行跟踪，这位记者写道：“这颗全美最大的自然金块来源于阿肯色，是一位年轻人在他屋后的鱼塘里捡到的，从他祖父留下的日记看，这块金子是他的祖父扔进去的。”

随后，《新闻周刊》刊登了那位祖父的日记。其中一篇是这样的：“昨天，我在溪水里又发现了一块金子，比去年淘到的那块更大，进城卖掉它吗？那就会有成百上千的人拥向这儿，我和妻子亲手用一根根圆木搭建的棚屋，挥洒汗水开垦的菜园和屋后的池塘，还有傍晚的火堆，忠诚的猎狗、美味的炖肉、山雀、树木、天空、草原，大自然赠给我们的珍贵的静逸和自由都将不复存在。我宁愿看到它被扔进鱼塘时荡起的水花，也不愿眼睁睁地望着这一切从我眼前消失。”

对于宏大的人生来说，金钱永远是第二位的，它生不带来，死不带去。只要有眼光，一旦看准了那些能使你幸福的东西，就应该尽可能不惜金钱去得到它。

英国首相温斯顿•丘吉尔曾经说过：“聪明的人能够很好地安排有限的收入，他们会享受到用钱的满足感，但绝不会为钱所累。”

有些不够聪明的人，对于把钱花在那些有益的并能为家庭和自己的生活增加乐趣的事情上，总是犹犹豫豫，只想着攒钱备荒，放走了大好时光。其实他们这是只知紧攥手中的麻雀，而忘了田野地里的孔雀。

也许你在其他经济方面拮据一点，但是如果你用这些钱，送孩子去野营或给心爱的人买一件小礼物，那么你不但可以提高生活的情趣和意义，而且将得到许多用金钱买不来的快乐。

## 5. 减少财富不会降低幸福指数

**财富和幸福两者不是等同的，如果一个渴望幸福的人却把追逐的对象放在了财富上，即使他追到了自己生命的尽头，他也不会看到幸福是什么样。**

“拥有金钱，并不等于拥有幸福；而要想拥有幸福，却必须拥有金钱”。“金钱并不能买来一切，比如再多的金钱也未必能买来知识、健康、快乐、爱情、幸福”。无论正反对错，诸如此类的格言无不是在表明同一个问题：金钱与幸福之间存在着密切关系。

财富与幸福是两个完全不同的概念。然而，在经济飞速发展的当代社会，有相当一部分人给二者划上了等号。那么，金钱究竟在幸福参数中占有什么样的位置？是不是有金钱就会有幸福呢？这一直是人们争论不休的话题。

也许人人都想过这样一个问题：挣钱是为了什么？这似乎是一个再简单不过的问题了，所有人肯定会毫不犹豫地脱口答出：“为了改善自己的生存条件；为了生活得更好、更幸福。”俗话有，有钱能使鬼推磨，但是有钱真的就能幸福吗？

美国宾夕法尼亚大学的格伦·法尔博和哈佛大学的劳拉·塔赫曾做过一项调查研究。他们选取了两万名美国公民，从20岁到64岁不等，从年龄、家庭收入、健康状况、文化水平、种族和婚姻状况等众多因素入手进行了研究。最终他们发现，主宰人们幸福的最主要的因素是健康，其次才是金钱与家庭状况。

心理专家研究发现：在影响人们幸福的因素中，金钱只起到1/5的作用，在构成美好生活的成分中，它所起的作用则是1/6。

伊利诺伊大学心理学家的一项研究显示：中大奖的人在他们交好运一年以后，会变得比以前更加不快乐。还有许多对中奖者的调查表明：突然间得到大量的金钱并不会使人幸福。当过了中大奖带来的新鲜期，他们反而会陷入不安之中，而且他们的生活也会遭到一定程度的破坏，比如与朋友之间产生隔阂，与家人吵架，对奢侈的生活不适应等等。

因此，并不是只有富翁才有资格获得幸福快乐的生活，因为快乐感和满足感取决于相对的富有，来自于对比中的优越。也就是说，你只要比周围的邻居们更富有一点，你就更容易感到幸福。

巴尔扎克说过："黄金的枷锁是最重的。"现实生活就是这样，在我们忙着淘金的同时，似乎逐渐忘记了那曾在"岸边"的初衷，在不断创造物质财富的同时，逐渐迷失了自我，变得机械和麻木，再也没有了清贫时的单纯和真诚，多了几分城府和狡诈。

所谓的幸福，从来就不能和金钱划等号，有时候，你喝一杯咖啡就能感到很幸福，而有时候你吃山珍海味也不能感觉到幸福。幸福，不可否认是不能离开物质基础而存在的，但是只有钱也并不幸福，幸福绝不等于物质保证。

幸福更多的是一种精神上的愉悦和追求，我们经常能看到富裕家庭并不和谐，但是贫苦家庭却过得十分和谐的情况，由此可见，如果人掉进了"钱堆"里，极有可能被金钱压得透不过气，毫无幸福可言。

在财富与压力指数成正比的今天，富人追求目标的同时，也放弃了常人唾手可得的普通幸福，超过限度的金钱反而会成为烦恼的代名词。

在你获得财富的同时，定会失去一些东西。一些过分追求物质财富的人，往往富了口袋，穷了脑袋，表面上看整天生活在灯红酒绿的环境下，貌似快乐，实则空虚。所以，对于财富，我们的态度决定了生活的质量。

在获得一定的财富后，做财富的主人而不是财富的奴隶，才能得到幸福。

在财富与幸福关系的数据分析中发现：“衣食足”的人群中，财富的多寡，与主观幸福体验没有多大关系。或者说，在达到舒适温饱之后，财富的增加所带来的幸福感会越来越弱。正如一个研究者所形容的，开跑车上班的人，并不一定比坐公车上班的人幸福很多。可见，财富和幸福感是不成比例的。财富虽然是人人向往的东西，但财富未必意味着绝对的幸福。

德国哲学家齐美尔说：“金钱是一种介质、一座桥梁，而人不能栖居在桥上。”看淡财富，让金钱成为点缀生活幸福的工具，只有看淡金钱，幸福才能常留身边。很简单，如果我们把金钱作为至高财富的衡量标准，那一切就容易得多了。

在这里，我并不是说赚钱或存钱是错误的，物质上的富有可以帮助一个人甚至整个社会得到更多的幸福，这是金钱的保障带给我们的。但是金钱本身是没有任何价值的，而是因为它可以带来一些幸福的经历。物质本身并不能给生命带来意义或是精神上的财富。

## 6. 懂得享受生活的乐趣

**懂得堂堂正正地享受今天，这是至高的甚至是至圣的完美品德。**

从精神实质上来说，每一天的生活，不过是时间在我们的灵与肉之上的一些映像，最后留存下来的，除了一些快乐与不快乐的体验，别无其他。贮存快乐的想法和准备把牛奶贮存在牛肚子里一样愚蠢。

16世纪法国著名的散文家蒙田说："懂得堂堂正正地享受今天，这是至高的甚而是至圣的完美品德。"享受今天是逐渐实现自己的愿望，实现自己的理想，享受自己在奋斗过程中的幸福和快乐。从这个角度来说，人生的第一要义在于发展自己所有的、所能成就的东西，并且谁都有权利这样做。

有很多人会这样，想要做某件事的时候，就一定要等到时机成熟了才去行动。但是很多时候，我们想做的某些事，不一定要等到我们有条件时候才能做的。比如有些人会想"等我筹到足够的钱的时候就结婚"或者"等我有了钱就周游列国"，又或者"等我做完这桩生意，就坐下来好好喝杯酒，吃餐饭"。然而事情并非我们想像的那样简单，执着的同时失去了人生快乐，并不是明智之举。

长期以来，人们一直不敢快乐地享受每一天，因为他们也是想把快乐贮存起来，以备未来享用。

某地的风俗，设宴时要给客人奉上大量的牛奶，所以一般人都在请客前很久开始挤奶，不至于临时供应不上。

有一个人计划在一个月以后请客，他心里想："如果要装那么多的牛奶，就需要有很大的木桶。而且牛奶放在木桶里，日子久了就容易坏。不如干脆把它放在牛肚子里，到请客那天一并来取，那就既省事，又能有新鲜的牛奶，不是再好不过了吗？"

他对这个绝妙的想法很满意，于是就把所养的一头奶牛和正在吃奶的小牛分开，每天也不去挤奶了。一个月以后，请客的日子到了，这人把奶牛牵来，准备让客人们品尝新鲜的牛奶，可是不论他怎样努力，却一滴牛奶也挤不出来，被所有的客人讥笑了一顿。

应当享受的时候不去享受的，等到想要享受的时候却来不及了，这就是人的可悲之处。

## 淡定的人生不纠结

虽然真正的享受不仅仅是吃喝玩乐，也不仅仅是恣意无度的放纵，而是正视人生的悲欢离合体味生命中的快乐与激情、悲哀与愤怒。真正美满的人生就是符合一般常人范例的生活，井然有序，但不含奇迹，也不超越常规。

每个人生下来都要面对一系列的人生问题：生存问题、发展问题、物质满足、精神满足等等。如何去解决这些问题，每个人都有自己的方式，但总的来说，都要经过一定的历程。人在解决问题、实现目标的过程中，既会有成功，也会有失败，但无论是成是败，都要在奋斗过程中享受它们。包括从失败中得出对人生有用的教训和经验。

不要害怕享受人生，所有的人都有快乐的权利：有钱的人可以，贫穷的人也可以；四肢健全的人可以，身有残疾的人也可以；成功的人可以，失败的人也可以。关键是看他如何看待生活，看待人生。

享受人生要讲究方法，因为生活的乐趣是随我们对生活的关心程度而定的。享受人生是一种乐趣，会享受人生的人是快乐的。但享受也是随地随处、每时每刻的事情。永远不存在那样的一个起点，让我们静下心来，好好地开始享受人生。

叔本华说："对于人生来说，所谓的幸福，是意志达到目的的状况，而意志在追求目的时受到的压抑则是痛苦的。所以，人生的幸福是暂时的，痛苦是经常的。因为人的追求没有最后的目标，人的欲望永远无止境。"

这种虚妄的期待和无用的隐忍，真是最让人觉得可笑又令人叹息。谁也不知道明天会发生什么。如果我们能知道，那世界应该变得多么灰暗：我们将失去所有的激情，生活会变得像一部看过了的老电影，不再给我们带来惊喜，也难以使我们感动。

生命最重要的就是今天，因为一切"过去"，都是由"现在"这一瞬间累积的，不把握现在，也就没有永恒。古罗马诗人菲尔西乌斯的一首诗可为我们加油：尽情享受吧，我们仅此一生。明天我们只留下余灰，化做幽灵，一切归于乌有！

快乐在于平凡。不以刻薄的心对待自己，真正的宽容，无非是先容得下自己，让自己积累每一天的感悟，享受每一天的人生。善待自己，以一颗博大的心，品味人生，享受人生，让自己在生活中不断成就目标。

## 7. 别忽视金钱之外的东西

**物质之外，还有精神层面的东西。任何一方匮乏，都会导致幸福感降低。**

金钱是财富的象征，每个人都离不开他。整天为生计奔波，为钱斤斤计较，很辛苦。能赚更多钱，让自己多一些自由和幸福，很好；财力不足的时候，不妨停下来想想自己真正需要的东西是什么，也许有些东西不需要金钱也能获得。

人的财富不仅仅是钱财，它的内涵很丰富。钱财之外还有很多很多，还有比钱财更重要的。可惜，世间有很多人看不到这一点，许多烦恼由此而生。他们难与幸福结缘，却常常要和不幸结伴同行。金钱离我们很近，也可以离我们很远。

有一对青年男女，走进婚姻殿堂几年后，开始面对日益艰难的生计。

妻子整天为缺少财富而忧郁不乐，他们需要很多很多的钱：有了钱才能买房子，买家具家电，才能吃好的穿好的……但是，他们的钱只够维持最基本的日常开支。

然而，丈夫是一个很乐观的人，他不断寻找机会开导妻子。有一次，他们去医院看望一个朋友。朋友抱怨说："我的病完全是累出来的，常常为了挣钱不吃饭不睡觉。"

回到家里，丈夫问妻子："多给你一些钱，但是让你跟那个朋友一样躺在医院里，你要不要?"

妻子毫不犹豫地说："当然不要。"

过了几天，他们去郊外散步，看到路边有一幢漂亮的别墅。一对白发苍苍的老人从别墅里走出来。

丈夫又问妻子："假如现在就让你住上这样的别墅，同时变得跟他们一样老，你愿意不愿意?"

妻子不假思索地回答："我才不愿意呢。"

丈夫深有感触地说："你看，我们原来是这么富有：我们拥有生命，拥有青春和健康，这些财富是再多的金钱也无法换回来的。而且，我们还有靠劳动创造财富的双手，你还愁什么呢？"

听到这里，妻子脸上露出了笑容。她把丈夫的话细细地咀嚼品味了一番，终于明白什么才是生活中更重要的东西了，也因此变得快乐起来。

我们不能否认，金钱是一种能够蒙蔽人的双眼的东西，在追逐财富的过程中，经常有很多人会淡忘了金钱之外的许多东西，比如自己的健康，自己的兴趣，自己的梦想和追求，自己的自由的灵魂的需要……而只有淡薄金钱的人，才是真正参透了人生真谛的人。

人这一生不能只被金钱所诱惑，而应该培养金钱之外的追求，比如梦想，比如朋友，比如所有比金钱能使你的人生更有意义的东西。

比如那些事业成功的人，他们在创业之初最关心的肯定不是金钱，因为如果他们总是忙着思考怎么赚钱的话，是没有太多精力用在完成梦想上面。创业者最关心的是如何把梦想变为现实，而不是怎么在最短的时间里挣到最多的钱。想要挣钱的人最关注的就是钱，而关注梦想的人最看重人生价值的实现。

或许你会反驳：有了钱，很多东西就都可以买到了啊。但是我们应该知道，这个世界上有很多东西是金钱永远无法买到的，比如你的美丽，你的年轻，你的健康，你的家人，你的事业。

哈佛大学教授迈克尔•桑德尔在一次演讲中曾经说过一个小故事，着实发人深思。

有个17岁的孩子把他的肾卖给一名外科医生，得到3.5万美元，然后用得到的钱去买自己喜爱的礼物。这名外科医生通过一些地下经纪人操作了这个交易，他再把这个肾卖给需要肾的患者，得到的钱是那个孩子到手的钱的10倍。

这是一个自由市场的例子。17岁的孩子有一个“产品”，他愿意用这个“产品”换钱，而买家又愿意出一个孩子能接受的价格，于是这桩以肾换钱的交易就成功了。

虽然有人从医生手里买到肾，但是那个男孩却再也不是“完整”的，再也不是健康的，他所失去的是她花费多少金钱都没有办法得到的了。虽然在这桩交易的整个过程里，每一个环节都是自愿交易，但是对那些需要肾的人来说却意味着他得不到肾是因为没有钱。

对许多人来说，没有钱就丧失了活下去的权利，有钱你就比别人多了活下去的机会。的确，在这个世界上，有很多事我们是用金钱来衡量的，但是生命是一种宝贵的东西，是不能用金钱来衡量的。

或者我们可以用这样简单的对比来表明，金钱在一些东西面前显得那么无力。金钱可以买到楼房，但是却不能为你买来一个温暖的家；金钱可以买到钟表，但是却不能帮你留住流失的时间；金钱可以买来一张舒适的大床，但是却不能买到充足的睡眠；金钱可以买到整整一个书房的书，但是却不能为你的大脑填上知识。

你瞧，有时候，金钱就是那么无力，它买不到所有你想要得到的东西，所以，即使你是有钱的，也要学会关注金钱之外的东西，才能让你的人生变得更有意义，也更有追求。

## 8. 不苛求朋友的回报

**对朋友慷慨出手，不需要回报。只要你们的友谊常在，就会赢得鼎力相助的时刻。**

朋友，贵在相知，拔刀相助而无需邀约或酬谢。能有这种真心相待的朋友，确实是人生的一大快事，而你生命中的每时每刻都有那种独特的满足感。

你可以广结朋友，也不妨对朋友用心善待，但绝不可以苛求朋友给你同样回报。善待朋友是一件纯粹的快乐的事，其意义也常在于此。如果苛求回报，快乐就大打折扣，而且失望也同时隐伏。

所以，在帮助别人的时候，你应该注意几件事：

（1）不要让对方觉得接受你的帮助是一种难以承担的负担，让他觉得现在接受了你的帮助就等于欠下你一个人情。

（2）帮助别人要做得自然，也就是说在当时对方或许无法强烈感觉到，但是日子久了就能体会到你对他的关心，这种关心是没有任何目的的。

（3）帮忙的时候要高高兴兴，不能心不甘、情不愿，如果你帮助别人的时候感觉勉强了，那就干脆拒绝对方吧。因为如果你的意识里存在着“我这是为你做的”的观念的话，假如对方对你的帮助没有丝毫反应，你一定会大为恼火，认为“我这样辛苦帮助你，你还不知道感激我，实在令人失望”。这样只会破坏你们之间的友谊。

有一个人非常仗义，广交天下豪杰。临终前，他对儿子说：“别看我自小在社会闯荡，结交的人如过江之鲫，其实我这一生就交了一个半朋友。”

听到这里，儿子很纳闷。父亲就贴在他的耳朵边交待一番，然后对他说：“你按我说的去见见我的这一个半朋友，朋友的要义你自然就会懂得。”

然后，儿子先去了他父亲认定的“一个朋友”那里，对他说：“我是某某的儿子，现在正被人追杀，情急之下投身你处，希望予以搭救!”

这人一听，不加思索，赶快叫来自己的儿子，喝令儿子速速将衣服换下，穿在了眼前这个并不相识的人身上，而自己儿子却穿上了对方的衣服。

这时，儿子明白了：在你生死攸关时刻，那个能为你肝胆相照、甚至不惜割舍自己亲生骨肉搭救你的人，可以称作你的“一个朋友”。

接着，儿子又去了他父亲说的“半个朋友”那里。听完诉说，这“半个朋友”对眼前这个求救的“危险人物”说：“孩子，这等大事我可救不了你，我这里给你足够的钱，你远走高飞快快逃命，我保证不会告发你……”

儿子明白了：在你患难时刻，那个能够明哲保身、不落井下石加害你的人，也可称作你的“半个朋友”。

人总是爱互助的，有很多事情你帮助别人，为别人效劳了，你起码赢得了信任，赢得了友谊，可以说得到的比付出的更多更重要。与朋友相处的一个原则是，你可以给朋友很多，但你不要企盼朋友给你回报很多。

在生活圈里，我们会结识很多朋友，但是对朋友的要求不能太高。你可以给予朋友很多，但是你不能期盼从他们那里得到太多回报。千万不能认为我对待朋友好，朋友也要对我好，这个苛求是万万要不得的。

可是生活中经常有这样的人，帮了别人的忙，就觉得自己对别人是有恩的，于是心里不自觉地产生一种优越感，巴不得所有的人都知道他做了一件多么善良的事情。这样的态度是很危险的，常常导致最后不能得到同样的回报而产生消极的情绪。

如果你感到替别人做了什么事情却得不到任何回报，使你心理不平衡的话，那是因为隐藏在你内心的互惠主义在作祟。它干扰了你内心的平静，使你总是在想：我想要什么，我需要什么，我应当去索取什么，如果我做了什么别人会回报我什么等等。这样做好事也有所图的行为，往往会使你做的好事成为一种坏事。

在生活中去真心诚意地帮助别人，而不是总想着从别人那里得到什么，最好摒弃交换的想法，把帮助别人完全当做自己的意愿。这样，你一定可以体会到真心实意帮助别人不图回报的快乐所在。